巻頭グラビア

カラー写真で見る
QRP通信の世界

本書に掲載した写真・図の中からカラーでご覧いただきたいものを紹介します．

【第1章　導入編】

写真1-1-2(p.8)
Small Wonder Labs社が以前販売していた7MHz CWトランシーバ・キット"Rock-Mite40"という7MHz CWトランシーバ・キットをALTOIDSというお菓子の缶に組み込んだもの．米国のQRPerの間では昔からQRPトランシーバをツナ缶やALTOIDS缶に組み込むことがはやっている．　　　（JK1TCV　栗原 和実）

写真1-1-5(p.9)
自作7MHz CWトランシーバの例．IF＝12MHzのシングルスーパ構成，電源電圧6～9Vで送信出力は100～300mW程度．FM受信機用ワンチップICであるMC3362Pに内蔵された2個のDBMを周波数変換とCW復調に利用している．　　　（JG1EAD　仙波 春生）

写真1-3-2(p.15)
1.9～50MHzをカバーする最近人気のQRP機，ELECRAFT社の"KX3"とPalm Radio社のミニ・パドル．アウトドアにいつでも持ち出せるように，アルミ・アタッシュ・ケースに入れている．マイクやDCケーブル，電波時計，CQ ham radio誌1月号付録のハム手帳も入っている．　　　（JK1TCV　栗原 和実）

QRP入門ハンドブック　Ⅰ

写真1-3-3(p.15)
2000年に初代モデルが発売され今日までQRPerに高い人気のYAESU"FT-817". HF～430MHzにオールモードで出られるので,移動運用にはとても便利だ. 写真は島根県隠岐郡西ノ島町からの移動運用時の様子.　　　（JR3ELR 吉本 信之）

写真1-3-5(p.18)
21MHz用 CW 1W自作送信機と中国製BCLラジオ"PL-660"の組み合わせ. 最近はこのような中国製の短波帯オールバンドBFO付きトランジスタ・ラジオが安価に手に入る.　　　（JA8CXX 高野 順一）

写真1-3-6(p.18)
オール自作送受信機のラインアップ. 左からダイレクト・コンバージョン受信機, クリスタル・コンバータ, 送信機(出力400mW). IARUのHFチャンピオンシップ・コンテストに14MHzモノバンドCW QRPp部門で参加したときの様子.　（JG3EHD 西村 庸）

【第2章　運用編】

写真2-1-8(p.22)
ワイヤ・アンテナなどで移動運用する際に役立つ自作アンテナ・カプラ. 高輝度LEDを使って, マッチングが取れるとLEDが消灯するタイプ.　　　（JK1TCV 栗原 和実）

写真2-1-9(p.22)
家の近所の小高い山の上にある公園で移動運用. VCHアンテナを使った.　　　（JK1TCV 栗原 和実）

II　QRP入門ハンドブック

写真2-1-13(p.24)
移動運用で愛用するパドル各種．なるべく小さいものがよいが，慣れていないと打ち間違うので，普段から使い慣れたものを使用．移動する手段などで使い分けている． （JK1TCV 栗原 和実）

写真2-2-1(p.26)
V/UHFのハンディ機で山岳移動するとQRPでもびっくりするほど遠くまで電波が飛ぶ．立山・富士の折立に設置したMHNヘンテナ．
（JG1SMD 石川 英正）

写真2-4-5(p.35)
QRPで本格的に海外通信を楽しむためのアンテナ設備の例．7MHzと10MHzはロータリー・ダイポール，14～28MHzは5バンドの4エレ八木アンテナ．タワーは21mHのクランクアップ・タワーを使っている．
（JK1TCV 栗原 和実）

写真2-4-9(p.37)
QRPで海外通信を楽しむためのシャックの例．メインのトランシーバはラックのセンターに置いて，見やすい位置にSWR/POWER計などを配置するとよい．アンテナが複数あるなら同軸切替器を使おう．最近の無線運用ではパソコンも必須だ．
（JK1TCV 栗原 和実）

QRP入門ハンドブック | III

写真2-5-7（p.43）
QRPで楽しむフィールドデーコンテスト（賞状は2014年電信電話部門，QRP種目のもの）．JARL主催，電信・電信電話の各オールバンドにQRP部門あり．2015年は8月1日〜2日に開催．（JR1UJX 松永 浩史）

写真2-5-16（p.46）
2014年QRPコンテスト（JARL QRP CLUB主催）のマルチバンド一般第1位の賞状．参加資格はQRP局のみ．2015年は11月3日に開催．
（JJ1NYH 馬場 秀樹）

写真2-5-21（p.49）
QRPで楽しむアワードの例．JCC-800（アワードはCW，QRP特記のもの）JARL発行，日本国内の異なる800市の各1局と交信しQSLカードを得る．QRP・QRPp特記が可能．JCCは100〜800まで100単位でアワードを発行．
（JA1XWK 仲村 哲雄）

写真2-5-32（p.54）
CW，QRP特記のWACA（Worked All Cities Award）．JARL発行．日本国内の全市のアマチュア局と交信し，QSLカードを得る．
（7K1CPT 山田 清治）

写真2-5-28（p.51）
QRP DXCC．ARRL発行，QRPでDXCCのリストにある100エンティティーと交信する．QSLカードの取得は不要．DXCCのQRP特記ではなく，ルールが異なる別のアワード．（JE1NGI 山西 宏紀）

IV　QRP入門ハンドブック

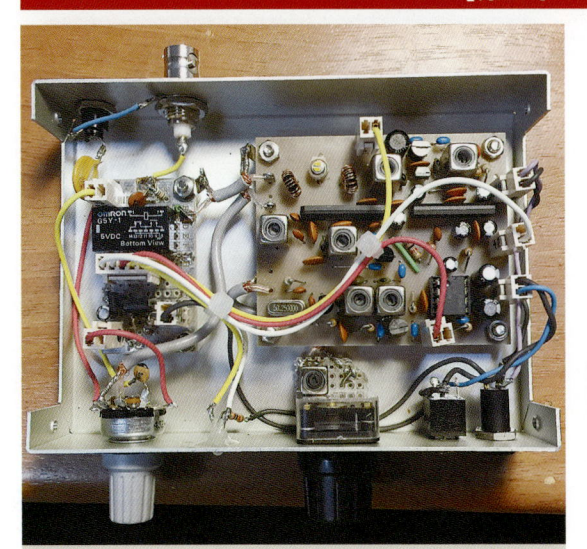

【第3章　技術編】

写真3-2-9(p.70)
JF1RNR 今井 栄さんが設計した50MHz DSB 出力20mWのトランシーバ・キット"ポケロク"を組み立てて金属ケースに入れた様子．
（JG1SMD 石川 英正）

写真3-3-4(p.77)
7MHz 出力CW送信機キット"QP-7"にAM変調器を追加，受信部は昔作った50MHz AM受信機にクリスタル・コンバータを付けて7MHz AM送受信の実験用セットを組み上げた様子．
（JG1SMD 石川 英正）

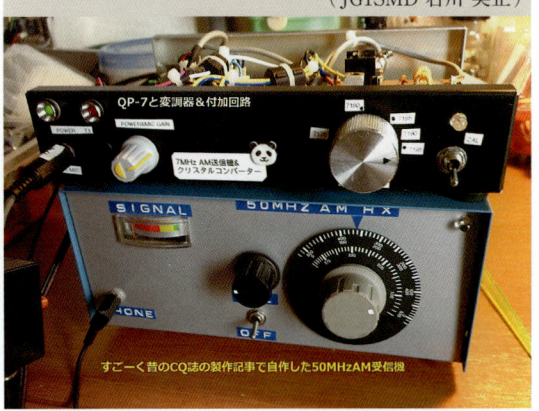

写真3-4-3(p.80)
写真上はミズホ通信が1970年代半ばに販売した7MHz CW 出力2Wの受信部ダイレクト・コンバージョン式トランシーバ・キット"DC-7X"．下は同社が1970年代半ばに販売した21MHz SSB/CW 出力1Wのシングル・スーパー式トランシーバ・キット"SB-21"．
（JG1EAD 仙波 春生）

写真3-4-4(p.80)
ミズホ通信が1970年代から販売し，一部は現在までのロングセラーとなったQPシリーズ．右手前は21MHz CW，出力1Wの"QP-21"で，7MHz用の"QP-7"と基板は共通．左手前は50MHz CW，出力1Wの"QP-50"で，周波数が高いため専用基板となっている．奥はQP基板にAM変調をかけるための変調器"MOD-1"．いずれもキットで供給された．
（JG1EAD 仙波 春生）

QRP入門ハンドブック ｜ V

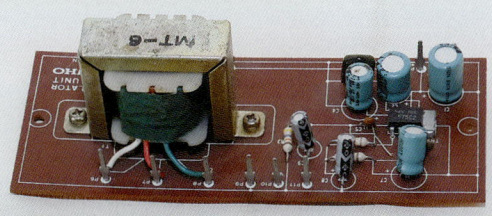

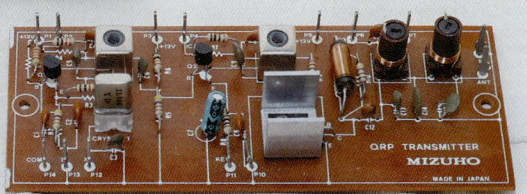

写真3-4-5(p.80)
ミズホ通信が1980年代に若干のモデルチェンジを加えながら販売し，ベストセラーになったピコ・シリーズ．SSB/CWの両モードを搭載し，基板組み立て・調整済みのキットと完成品が供給された．手前は50MHz 出力250mWの初代"ピコ6"．中段左は144MHz 出力200mWの"ピコ2"．同右は21MHz 出力300mWの"ピコ15"．奥左は50MHz 出力1Wの"ピコ6S"．奥右は7MHz 出力2Wの"ピコ7S"．
（JG1EAD 仙波 春生）

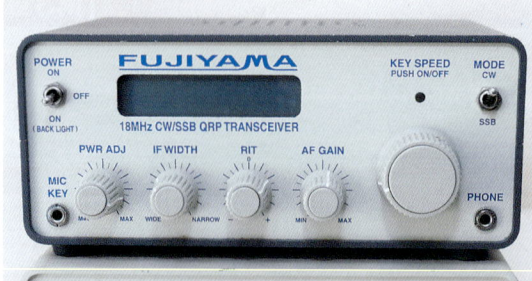

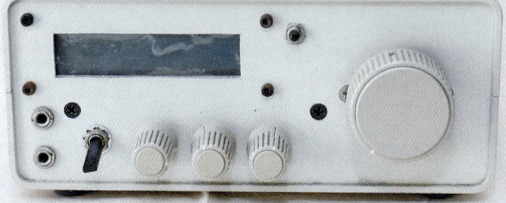

写真3-4-7(p.82)
上はQRPクラブ有志が1998年末ごろから開発に取り組み，2001年はじめに100台頒布された18MHz SSB/CW 最大出力2Wのトランシーバ・キット"FUJIYAMA"．下はその開発のために筆者が作った試作品．
（JG1EAD 仙波 春生）

写真3-4-8(p.82)
JARL QRPクラブの正式プロジェクトとして開発・頒布された"EQT-1"は，「Class-E」（ファイナルアンプ，80％ほどの効率），「QRP」，「TRX」の三つの頭文字を取って命名された100mW QRPp 7MHz CW TRX．送信とともにAFアンプも省電力化されていて，今では珍しいクリスタル・イヤホンが採用されている．筆者が幼少のころにゲルマ・ラジオに触れてから半世紀弱経過したが，"EQT-1"のクリスタル・イヤホンは今でも現役で使用可能だ．
（JF1DKB 高野 成幸）

写真3-8-4(p.99)
VCHアンテナによる移動運用風景．VCHアンテナは，JP6VCH 松木真一郎さんが考案した垂直系センターオフフェッド・アンテナで，上エレメントと短縮コイルまでを1/4波長に同調させ，さらにコイル下から地上に置かれたエレメントの先端までを1/4波長に同調させて，その途中から給電する．移動運用に適した構造で愛用者が多い．
（JF1RNR 今井 栄）

写真3-10-1（p.105）
自作のSWRメータ．一つのメータがSWRメータの進行波と反射波，電力計を兼ねている．さらに欲張ってアッテネータも組み込み20Wまでの測定を可能としたが，逆に機能を盛り込みすぎて使いにくくなってしまった．　　　　（JE1HBB 瀬戸口 泰史）

写真3-10-3（p.107）
受信機の調整に役立つ簡易型シグナル・ジェネレータ．ハートレー発信回路にバッファを設けたトランジスタ2石による簡易ジェネレータで，LCを適宜組み合わせることで任意の周波数を得られる．HF帯をカバーするためにコイルを切り替えるのではなく，同じ回路を2組実装した．
（JE1HBB 瀬戸口 泰史）

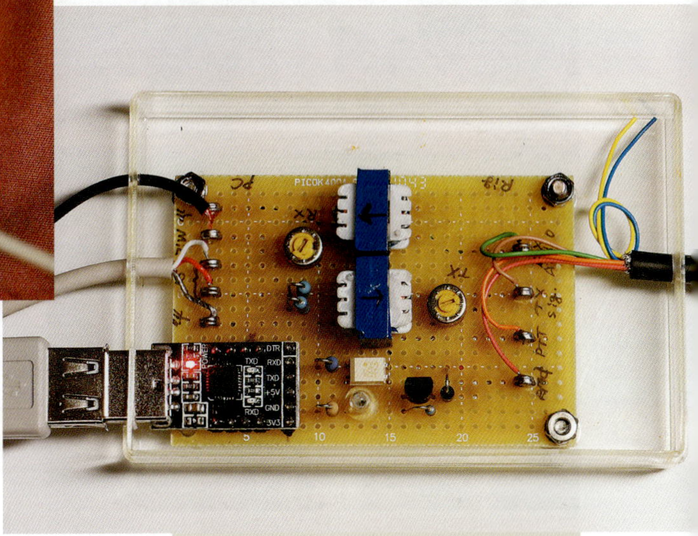

写真3-11-A1（p.118）
JT65用インターフェースの製作例．八重洲無線のQRPトランシーバ，FT-817用に製作したJT65用インターフェース．FT-817用オプションの「パケット・ケーブル CT-39A」を利用すると製作が簡単．無線機側とパソコン側のグラウンドは絶縁されている．　　　（JA9TTT/1 加藤 高広）

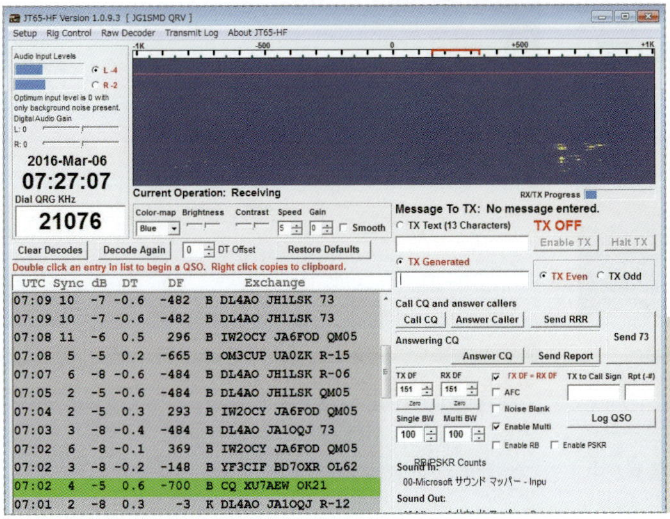

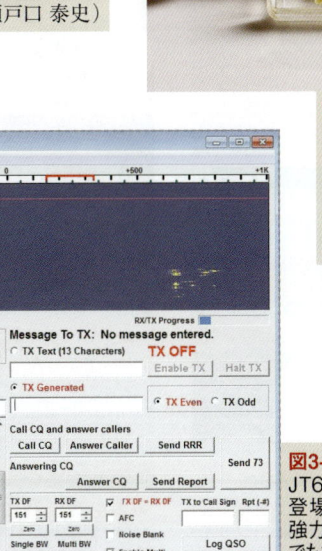

図3-12-2（p.124）
JT65HFでの受信画面の様子．2000年代に入って登場した比較的新しいデジタル通信モードJT65は，強力な誤り訂正機能により，S/N比0dB以下の信号でも復調でき，QRPに適したモードだ．トランシーバにPCを接続して専用ソフトウェアによって運用する．図はJT65HFソフトウェアで受信中の様子．
（JG1SMD 石川 英正）

QRP入門ハンドブック　|　VII

【第4章　QRPコミュニティ編】

写真4-1-2(p.127)
2016年5月に創立60年を迎え，現在約300人の会員（正員）が在籍しているJARL QRPクラブでは，ブログ形式の会報を毎月発行している．このほか年1回の会員再登録の時期には紙の会報も郵送．会員間での電子メールによる情報交換も活発だ．

写真4-1-14～写真4-1-16(p.131～p.132)
JARL QRPクラブでは，会員間の交流，クラブのPRを目的に毎年7月に大阪府池田市で開かれている関西アマチュア無線フェスティバル（関ハム，写真4-1-15＝2011年），8月に東京ビッグサイトで開かれるハムフェア（写真4-1-14＝2015年）にブースを出展している．2015年9月には札幌で24年ぶりに開かれた「北海道ハムフェアー」（写真4-1-16）にも北海道在住のクラブ会員が中心となりブースを出展した．

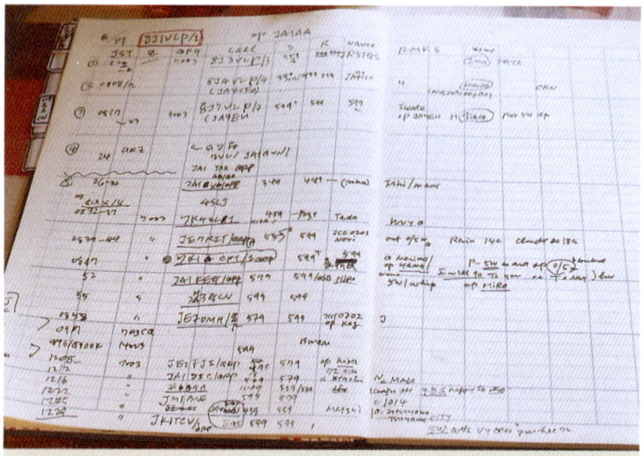

写真4-2-2，写真4-2-3(p.140)
QRP記念局8J1VLP/1を運用するJA1AA　庄野久男氏（写真4-4-2＝2005年6月，写真提供：JN1SZF　田村　恭宏）戦前からのハムで，戦後のアマチュア無線再開に尽力し，JARL QRPクラブ創設時からのメンバーでもある．庄野氏の手書きのログ（写真4-2-3）．

VIII　QRP入門ハンドブック

アマチュア無線運用シリーズ

QRP入門ハンドブック

手作りとミニ・パワー通信で電波の楽しさを実感する

JARL QRPクラブ［著］

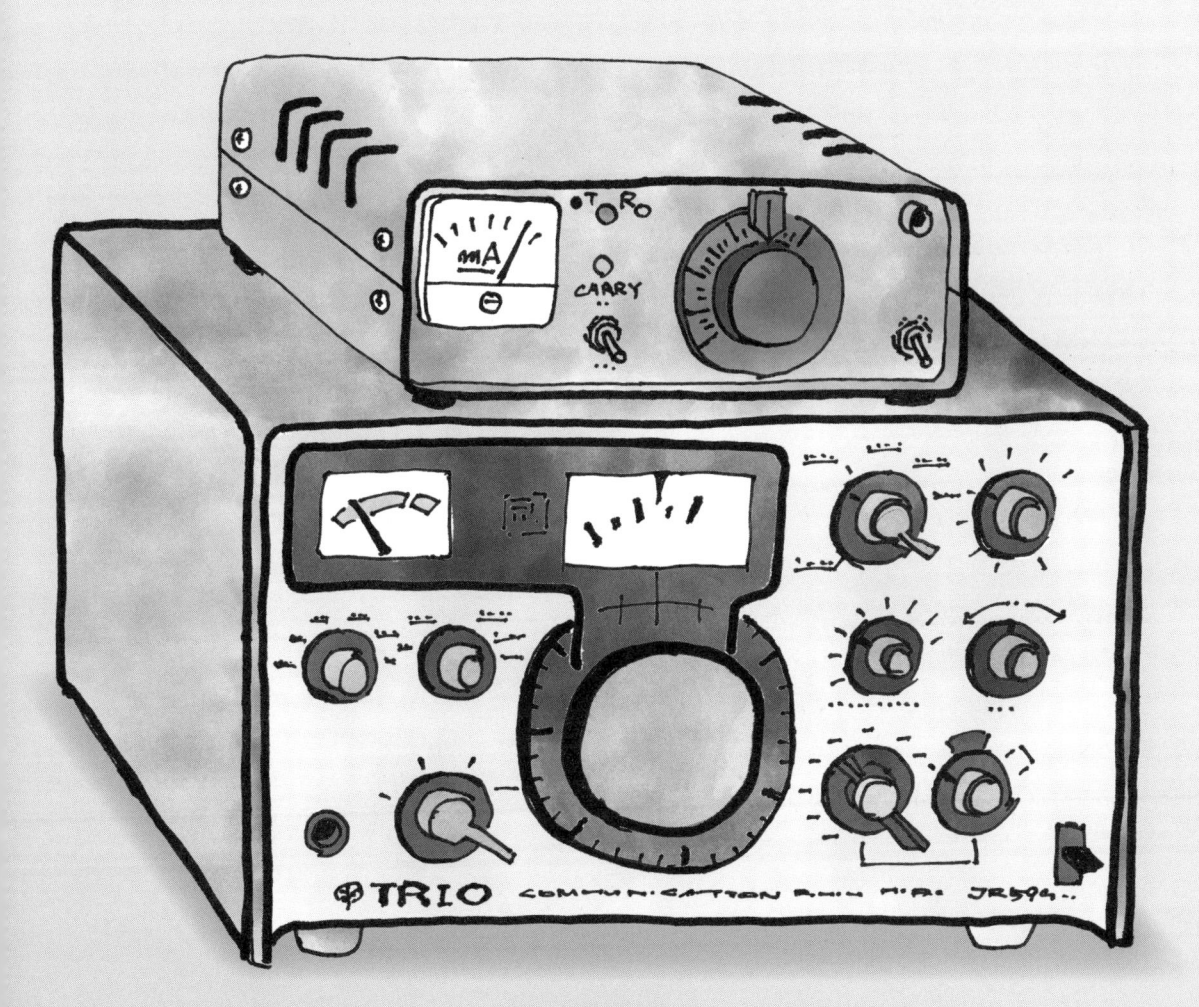

CQ出版社

はじめに

　私たちのJARL QRPクラブは1956年6月に7人のメンバーで活動を始めました．その後，何度か活動が停滞した時期もありましたが，そのつど会員から活動を再開しようという動きが出て，現在まで60年間続いてきています．

　今から20年前の1996年には創立40周年を記念してQRPハンドブック（以下，旧版と略す）を出版しました．旧版はQRPの楽しさがぎっしりと詰まった本で，これを読んでQRPの世界に入ってきた方もたくさんいました．

　実は私もその一人です．1970年の中学生時代にラジオ工作にはまって6球スーパー受信機を作り，アマチュア無線の免許を取ったりもしましたが，就職した後に免許を失効させてしまっていました．ところが再び無線熱が高まって1999年に再開局する際には「いまどき自作する人はいない，タワーがないとHFはできない」などと言われ，30年ですっかりアマチュア無線の世界が様変わりしたのに驚いていました．

　そんなとき，旧版をみて「ここには昔ながらの工夫しながら自作するアマチュア無線家がいる」とうれしく思い，確信をもってピコ21と竹竿＋銅線の逆Ｖダイポールで開局することにしました．その後，すぐにQRPクラブ入会の運びとなりました．

　2006年（創立50周年）には新版を出したいと当時の役員会で話しましたが，そのころの出版状況では難しく，CQ ham radio誌に別冊付録のQRP特集を付けることとなりました．

　今回のハンドブックは2014年の夏のハムフェア時の役員会で話が出たものです．私の本業は書店勤務であり，本づくりが大変なことは承知しておりましたので，当初は，自費出版でもよいので記念誌を作ろうというつもりでしたが，CQ出版のご理解をいただき，このように立派な出版物として刊行することができました．

　QRPクラブの編集チームのメーリングリストは2015年1月より動き出しました．仙波編集長のもと，北海道から沖縄までの編集部員が原稿依頼や校正に当たりました．

　今回は旧版とは違い「入門者向け」としましたので基本的な運用や技術の話を中心にしました．FT-817を買ったが，QRPの運用はどのように違うのか．あるいは市販のキットを使って電波を出すにはどのようにすればよいのか，といった疑問に答えられるように編集してあります．

　アマチュア無線にはさまざまな楽しみ方があると思いますが，QRPをやることにより，アマチュア無線の草創期の人が味わったような，ワクワクする面白さを追体験できるのではないかと思っています．このハンドブックがその手助けとなることを願っております．

2016年8月　JARL QRP CLUB会長　JA8IRQ　福島　誠

もくじ

巻頭グラビア　カラー写真で見るQRP通信の世界

はじめに ……………………………………………………………………………………… 2

第1章　導入編 …………………………………………………………………………… 6

1-1　QRPの楽しみ …………………………………………………………………… 6

コラム 1　ピーナッツ・ホイッスル ………………………………………… 10

1-2　世界へ広がる小さな電力 ～QRP通信の勧め～ ……………………………… 11

1-3　QRPを始めよう ～QRP通信の手段や方法～ ………………………………… 13

コラム 2　ヨーロッパなどでQRPの呼び出し周波数として知られている周波数一覧 ……… 16

コラム 3　最近のQRPクラブ会報に見るQRP局設備一覧 …………………… 19

第2章　運用編 …………………………………………………………………………… 20

2-1　QRP野外運用の勧め ～HF移動運用編～ …………………………………… 20

2-2　QRP野外運用の勧め ～V/UHFハンディ機で山岳移動～ ………………… 25

2-3　QRP野外運用の勧め ～WG0AT Steveの移動運用レポート～ …………… 29

2-4　QRPでもできる海外通信 ……………………………………………………… 32

2-5　QRPによるコンテストとアワード …………………………………………… 40

コラム 1　高田さんのやらなかったこと ………………………………… 55

本書はCQ ham radio誌に2015年10月号から2016年7月号まで掲載された「QRP運用入門」に加筆・修正をしたものです。

もくじ

第3章　技術編 ·· 56

- 3-1　旧版QRPハンドブックで紹介したキット再現にトライ ················· 56
- 3-2　現在入手可能な国産キットを組み立てる ·· 64
- 3-3　送信機キットを交信できる無線機システムに仕立てる ················· 72
  - コラム1　私の"QP-7" ··· 76
- 3-4　往年のQRP機キット紹介 ·· 79
- 3-5　アンテナを考える ～よく飛ぶアンテナとは?～ ··························· 83
  - コラム2　釣り竿ダイポール・アンテナ ·································· 86
- 3-6　移動運用のためのダイポール・アンテナ ······································ 88
- 3-7　マルチバンドでクイックQSY可能なG5RV型アンテナ ················· 92
- 3-8　7MHz VCHアンテナの製作 ··· 96
- 3-9　ポケット・バーチカルの製作 ·· 100
- 3-10　QRP運用や自作に役立つ簡単な測定器, アクセサリー ················ 103

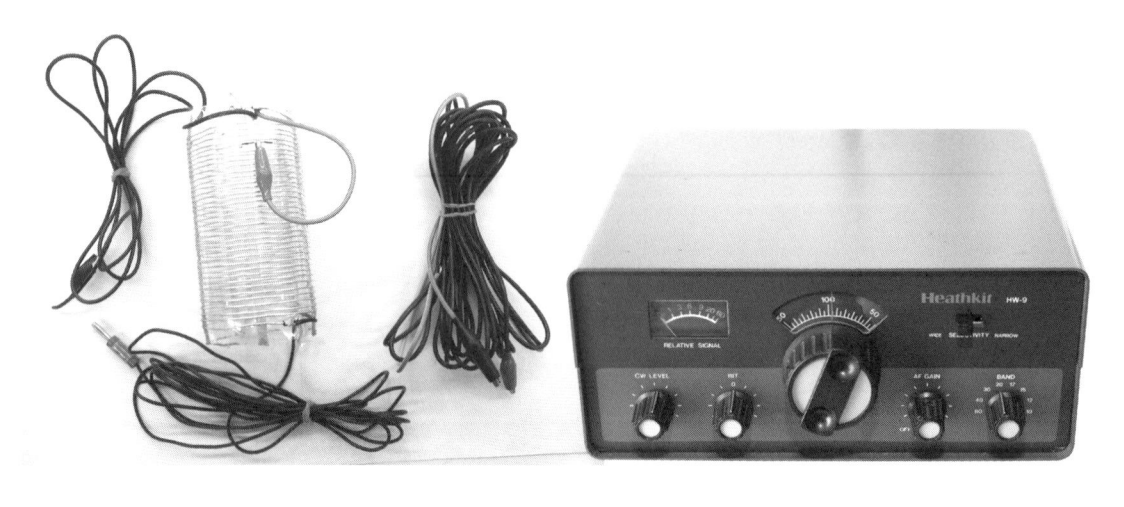

もくじ

   3-11   QRPerのための文字通信 JT65の運用 ······················· 109

          Appendix-1　FT-817(ND)用に最適化したJT65インターフェースの製作 ········ 117

          Appendix-2　パソコンの時計合わせ用GPS受信機の製作 ············ 120

   3-12   JT65で交信にトライ ·· 122

第4章　QRPコミュニティ編 ··· 126

   4-1   日本のQRPコミュニティの紹介 ····································· 126

          コラム 1　究極のQRPコンペティション ······················· 137

          コラム 2　【雑感】アマチュア無線は無用の用 ·················· 137

   4-2   JA1AA 庄野久男さんに聞く ··· 139

著者等／編集委員／分担執筆者／執筆協力者 ································· 141

索引 ·· 142

第1章

導入編

1-1　QRPの楽しみ

　この本を手にした方の多くは,「QRP」がアマチュア無線界で小さな電力で交信するという意味で用いられていることは,すでにご存じだと思います.

　もう少し詳しく調べてみると,この「QRP」は,国際電気通信連合(ITU)の勧告に従って総務省が無線局運用規則(昭和25年11月30日電波監理委員会規則第17号)の第13条と別表第2号で定めている無線電信の業務に用いる略符号の一つで,問いの形「QRP？」では「こちらは,送信機の電力を減少しましょうか」,答えや通知の形では「送信機の電力を減少してください」という意味になります.QRPの反対の意味の略符号はQROと定められています.

　ここから転じて,アマチュア無線界では一般に(国内外を問わず)小電力による通信を指す用語として用いられるようになりました.この場合の小電力とは,具体的にはどれくらいの電力を意味するのでしょうか.JARLの国内コンテスト規約やアワード規約では空中線電力5W以下をQRPとし,またアワード規約では500mW以下を特にQRPpとしています.また,このような小電力での通信を愛好するハムのことを「QRPer」などと表現します.

　なお,電波法の第54条で,無線局を運用する場合の空中線電力について,(1)免許状等に記載されたものの範囲内であること,(2)通信を行うため必要最小のものであること――と定めています.

送信出力を$1/10$にしてみよう

　今述べたように,QRPとは,一般に空中線電力5W以下の小電力による無線通信を指し,5Wという空中線電力は,HF帯で4アマに認められた最大電力10Wと比較すると半分です.対数で表現すると,電力を半分にしても−3dB,大ざっぱに言ってSメータ1目盛りほどの違いもありません.私見ですが,QRPをまず体験してみようという方には,思い切って10dB(電力で$1/10$)ずつ電力を下げてみることをお勧めします.10Wの$1/10$は1W,その$1/10$は100mWです.混信やノイズの状況にもよりますが,例えば7MHzのCWで1Wなら,S9くらいで聞こえる国内局からはだいたい応答をもらえると思います.国内通信なら,あまりにも普通に交信できてしまうので「なんだ」とがっかりするかもしれません.それでしばらく運用して慣れてきたら,次に100mWくらいに挑戦してみてください.応答率は下がるかもしれませんが,「QRZ？」と返ってきたらしめたものです.QRPを面白いと感じられるのは,おそらくそのあたりからではないかと思います.

第1章　導入編

送信電力を手っとり早く1/10ずつ下げる方法として，JA1AA 庄野 久男さんは，5W出力に絞ったトランシーバのアンテナ端子に10dB×3段のステップアッテネータをつないで500mW，50mW，5mWと切り替えて運用することに挑戦したと旧版『QRPハンドブック』でレポートしています．簡単な構造にしようと送受信の切り替えを省いたため，受信感度も1/10ずつ下がっていきますが，強く聞こえてきている局を選んでコールすれば何とかなるとのことでした．

多くのハムは4アマの10Wから始めて，より遠くの局と交信したい，パイルアップに勝ちたいということで，さらに大きな電力を出せる上級資格を目指して精進してきたのではないかと思いますが，逆に空中線電力を下げることで「これでも交信できた」という驚き，喜びを感じられるのがQRPの最大の楽しみだと言ってよいと思います．

QRPなら移動運用や自作も難しくない

QRPならではの利点もいろいろあります．最近の10W以上の出力のトランシーバはだいたい定格

図1-1-1　"Pixie 2"の回路図

わずか2石 1ICの7MHz CWトランシーバ・キット"Pixie 2"．1990年代後半ごろに紹介され，「え，こんなもので本当に交信できるの？」と世界中で話題になった．JJ1SLW局はこれを使って20mWでW-JAの太平洋横断通信に成功したようすをWebサイトで紹介している．現在これを若干進化させたキットを700円ほどでeBayで手に入れることができる．写真は初期のPixie2に筆者がVXO回路を追加したもの

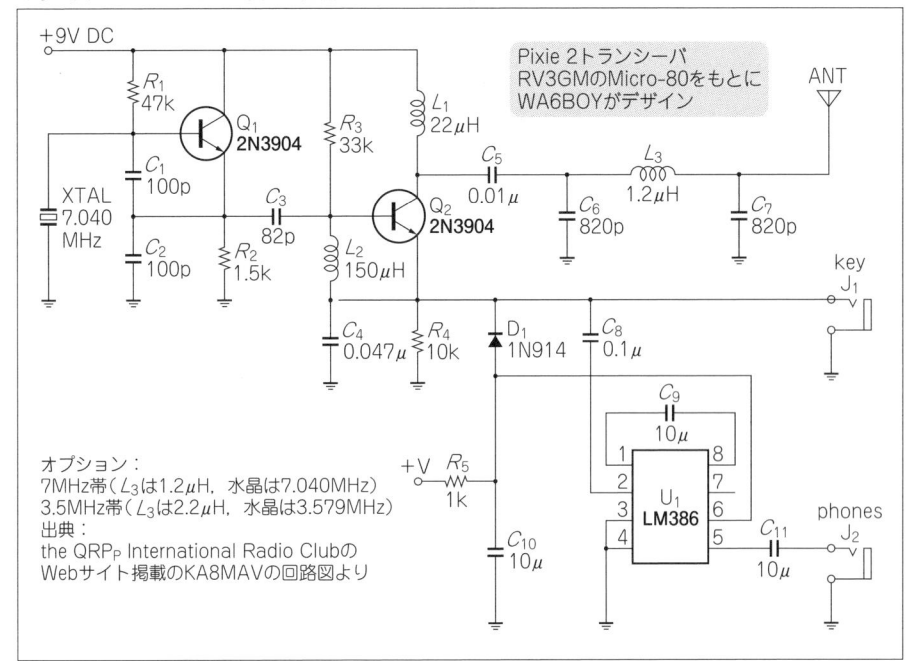

写真1-1-1　7MHz CWトランシーバ・キット"Pixie 2"

最大消費電流が10～20Aとされていますので，これで移動運用をしようと思うと，ガソリン式の発電機や車の鉛蓄電池から電源を取るしかありません．これに対して1W以下の送信機であれば消費

QRP入門ハンドブック　7

写真1-1-2　7MHz CWトランシーバ・キット"Rock-Mite40"
Small Wonder Labs社が以前販売していたRock-Mite 40という7MHz CWトランシーバ・キットをALTOIDSというお菓子の缶に組み込んだもの（JK1TCV 栗原和実さん提供）．米国のQRPerの間では昔からQRPトランシーバをツナ缶やALTOIDS缶に組み込むことがはやっている

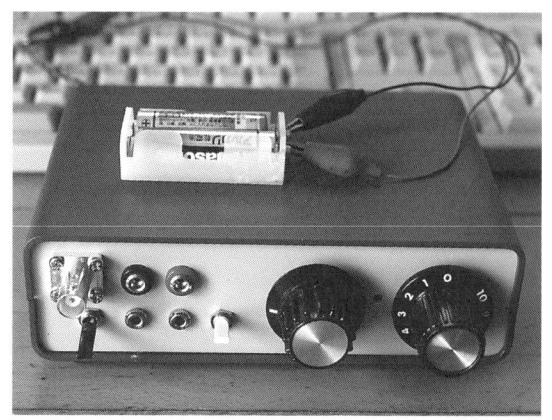

写真1-1-3　自作144MHz FMトランシーバ
144MHz FMの出力20mWほどの自作トランシーバ．VXOと固定11チャネル搭載．これで自宅から40kmほど離れた局と交信できた

電流は1A以下でしょうから，電源を「エネループ」などの充電式電池でも供給できます．QRPなら無線機も小型になるので，デイパックに無線機と電池，ワイヤ・アンテナを入れるだけで，HFの移動運用も手軽にできるようになります．河原などの広い場所に7MHzのフルサイズ逆Vアンテナを張ってオン・エアというような運用を手軽にできるのがQRPの大きなメリットです．

　QRPであれば，送信機の自作もそれほど困難なことではありません．QRP愛好者の多くは，自作愛好家でもあります．毎年8月に東京で開かれるハムフェアのQRPのブースをのぞいてみてください．数多くの自作送信機が展示されています．自作はちょっと難しそうだなと思う方もいるかもしれませんが，HFのCWの送信機であれば，それほど難しいことはありません．水晶発振と増幅1～2段程度の手のひらに乗るような小さな自作の送信機を組み立てて，全国各地のハムと交信できたときの喜びは何物にも代えがたいものがあります．送信機の自作はそれほど難しくないと書きました

が，では受信機はどうすればいいのでしょうか．もしすでにトランシーバをお持ちなら，簡単なアンテナ切り替えスイッチを設けて，その受信部を使うことができます．また，最近では中国製などの安い短波帯オールバンドBCLラジオでCW受信可能なBFO付きのものもありますので，それを利用している局もいます．自作に慣れてきたら，ICを幾つか組み合わせて簡単なCW/SSB受信機を作ることもできます．

　以前はよく見かけたリード線付きの部品がどんどん姿を消して，米粒より小さいチップ部品全盛の時代になりましたが，中国などの海外にはまだ旧来の部品が大量に流通しているようで，そうした流通在庫を活用したキットなども供給されています．また最近は，アマゾンなどでも電子部品を買い求められるようになりました．送信機用の電力増幅トランジスタが手に入らなくても，汎用のバイポーラ・トランジスタやスイッチング用のパワーMOSFETなどをHF帯の電力増幅素子として活用する方法が多数紹介されているので，これからもまだまだ自作は健在だろうと思います．

第1章　導入編

写真1-1-4　1200MHzプリンテナを付けたハンディ・トランシーバ
キャリブレーションからキットで販売されていた1200MHz用5エレメント"プリンテナ"(マイクロ・ストリップラインで構成した1:4バランのプリント基板へ黄銅の針金のエレメントをはんだ付けするもの)を付けたハンディ・トランシーバ．お手軽な移動運用に最適だ（JG1RVN 加藤 徹さん提供）

写真1-1-5（上）　写真1-1-6（下）　自作7MHz CWトランシーバとその内部のようす
ドイツのQRPクラブ会報でも紹介された筆者の自作7MHz CWトランシーバ．IF=12MHzのシングルスーパ構成，電源電圧6〜9Vで送信出力は100〜300mW程度．FM受信機用ワンチップICであるMC3362Pに内蔵された2個のDBMを周波数変換とCW復調に利用している

QRPは歴史ある世界的ムーブメント

「QRPなど奇人変人の楽しみ」「なんでわざわざ交信を難しくして楽しいの？」と見られがちですが，実は世界的に見ても，ハイパワーによるDX通信と並び立つ歴史と広がりを持ったアマチュア無線界の大きなムーブメントです．

アマチュア無線の世界でQRP通信が一つのジャンル，カテゴリーとして登場してきたのは，米国では相当古く，遅くとも1930年代ごろと見られます．Adrian Weiss（WØRSP）は1987年に著した"History of QRP in the U.S., 1924-1960"というペーパーバックの中で，New American Amateurと題して米国の草の根のQRP愛好家の活動を報告する記事がARRLの機関誌QSTの通信欄に1930年代には掲載されていると紹介しています．当時す

でにハイパワーのアマチュア局による混信がひどく，こうしたハイパワー局を「ワット・バーナー」「エーテルバスター」などとからかう風潮もあったようです．また，QST誌1937年2月号の通信欄ではW1EXCがFlea Power Associationなる団体を紹介しているとあります．"flea"を日本人が発音すると"free"と混同して「電力無制限」のハムの団体のことかと誤解しそうですが，正しくは「蚤（のみ）のような小電力」を楽しむハムの団体だったようです．80年近く昔の米国のハムたちのユーモアを感じることができるエピソードです．現在では世界各国にQRP愛好家のクラブなどがあり，イン

QRP入門ハンドブック　9

ターネットでこうした世界中のQRP愛好家の発信する自作情報などを容易に手に入れることができるようになりました．言語の壁で多少の努力は必要ですが，こうした世界的な広がりの中で，さまざまな情報を共有しながらQRPムーブメントが営まれているといえます．

筆者自身がちょっと驚いた体験を紹介します．今から十数年前に自分のWebサイトへ自作トランシーバの製作記事や回路図を日本語とともに英訳して載せていたところ，あるときドイツのQRP愛好家からE-Mailで「お前のWebサイトの記事をクラブの会報に転載したいがいいか」と英語で問い合わせがきました．「かまわないけどドイツ語に翻訳するのはちょっと…」と返信すると，「それはこちらに任せて」みたいな返事があり，数カ月後にドイツ語に翻訳された筆者の記事を掲載した立派な冊子が郵便で送られてきました．また，インターネットであれこれ検索して眺めていたら，何と筆者がWebサイトに掲載した記事をそっくりそのままロシア語のキリル文字に翻訳して掲載したページがぞろぞろ見つかりました．ヨーロッパやアジアの国々のハムからも回路や部品の入手方法についての問い合わせのメールが時々届き，返信するのに四苦八苦したことが思い出されます．QRPムーブメントは世界中とつながっているんだなとつくづく実感させられた経験です．

7MHzで30mWで呼ばれた!!

QRP運用について，筆者が今までにちょっと感動した体験も紹介しましょう．

1998年6月のある日曜日の昼前のこと．自作の1Wのトランシーバで7MHzのCWでCQを出すと，かすかに呼んでくる局が聞こえました．確か何度かQRZ？と打ったのちに，JH1HTKと了解できました．

QRPクラブの元会長の増沢さんです．交信が始まり，鎌倉から30mWだというあたりまでは分かったのですが，ノイズの波間にふわーりふわーりと浮き沈みしているような信号で，レポート交換が完了する前に，残念ながら交信が途絶えてしまいました．鎌倉といえば筆者の自宅から真南方向に50kmくらい離れています．7MHzでは，電離層反射ならQRPでも全国に電波が飛んでいきますが，逆に近くても地上波の届かない地域は電離層反射でも届きにくい場合が多いです．それは，この距離間では電離層への入射角が小さいために，反射せずに突き抜けてしまうからです．

電離層の状態は時々刻々と変化します．このときは，20分ほどたって，JH1HTK局と再びつながりました．弱い信号であることに変わりはありませんでしたが，1回目よりも信号が安定していたので，何とか交信を完了することができました．

コラム1　ピーナッツ・ホイッスル

米国のハムの間では小さなQRP送信機を「ピーナッツ・ホイッスル(peanut whistle)」と呼ぶそうです．「ピーナッツは型の小さいものをいうときのたとえ，ホイッスルはピーという呼子のこと．

つまりひじょうに小さい送信機をアメリカ人はこう呼んでいます」(CQ ham radio誌 1970年11月号 JA1AA 庄野久男「特集 ミニ・ワットででっかく楽しもう」より)．

QRPの信号を蚊(mosquito)の鳴くような音にたとえることもあります．

たった30mWのか弱い信号が200kmくらい上空の電離層まで行き，その多くは電離層を突き抜けてしまいながらも何とか反射して，また200kmくらい離れた地上のアンテナまで届くようすを想像すると，実にご苦労さんと言いたくなってしまいます．

(JG1EAD 仙波 春生)

1-2　世界へ広がる小さな電力 〜QRP通信の勧め〜

以下は旧版『QRPハンドブック』(1996年発行)に掲載された記事である．QRPの往時を知るために貴重な文献である上，現代にも通じるものがあるので，筆者の許しを得てそのまま転載することとした．また明らかな誤字などは修正している．

無線通信の基本とQRPという言葉

QRPという言葉について基本的なことをお伝えしたいと思います．

まず，私たちにとっては基本になる電波法五十四条に記されている電力の扱い方についての取り決めが，次のように書かれています．

一，免許状に記載されたものの範囲内であること
二，通信を行うため必要最小のものであること

さて，この第一号については，無線従事者であればアマチュア局に許された，免許状に記された最高出力は十分に知らされているはずです．特にコンテストなどでは良心に従って，スポーツマン・シップが守られるべきことはご承知のことでしょう．

しかし，第二号はどうでしょうか．何のためにこんな規定があるのか，知らないとおっしゃる方も多くいますし，無関心になりがちなことでもあるのです．

そこで，もう1カ所，電波法の大切な箇所を確認しておきましょうか．無線局運用規則十三条をひもといてみましょう．ここにはモールス符号を用いて通信するときのことが記されており，それに関連して別表第二号というものがあり，QRA，QRBから始まりQTSに終わる48の符号(Q符号と呼ばれます)が別記されています．無線局運用規則別表2号の13，14番目を**表1-2-1**に抜き出しておきます．ところで一体，こんな符号がいつごろから使われだしたのでしょうか．

古い記録によると，マルコーニが無線通信を発明してから12年が経った1912年にアメリカに電波法が制定され，そのときに決まったという説があります．そうして国内通信はもとより，世界を移動する船舶の無線通信士たちは，さまざまな母国語を使わずにたいていの用件はこのQ符号で済ますことができて，まことに重宝したようです．

後に質問には？符号を付けると，よりはっきりするので，アマチュア無線でも急速に世界的な通信ができるようになり，今日の私たちも全部ではないまでも使いやすいものから使ってきたのです．

それにしてもなぜQROとかQRPという符号が使われるようになっていったのでしょうか．それ

表1-2-1　無線局運用規則13条別表2号記載のQ符号の一部

略 語	問 い	答え又は通知
QRO	こちらは，送信機の電力を増加しましょうか	送信機の電力を増加してください
QRP	こららは，送信機の電力を減少しましょうか	送信機の電力を減少してください

表1-2-2　JARL QRP CLUB制定のQRP記録の分類表

分類	表示	適用
電力	I	入力
	O	出力
ランク	D	5W～500mW
	C	499mW～50mW
	B	49.9mW～5mW
	A	4.99mW～500μW
	AA	499μW～50μW
交信条件	R	ランダム
	S	スケジュール

はたぶん無線通信が盛んになり，広い世界で不安定な電搬状況の中で通信を確保しようとなると，受信機の改良よりまず電力増強競争が激しくなり，周波数も足りなくなり混信問題に迷わされることが多くなってきたからだと思います．

そうして通信の秩序を守り，マナーを向上させるためにQRPすることが尊ばれ，勧められるようになってきたのでしょう．近代の私たちの生活を考えますと，近隣の人たちの楽しみであるTVやラジオ．そして電話やHi-Fiセットなどと"共に生きる"ために当然必要となってきたのがこの"QRPの精神"だったと思います．

今では広い意味での公害を抑える運動が世界的に強く求められるようになってきました．せっかく広い周波数帯を昔の先輩たちの遺産として受け継いでいる私たちです．大切に利用するためにも注目されているのが，この小電力による通信方式，QRPであるといえるのではないでしょうか．

JARL QRPクラブでも，超小電力通信に至るまでのあらゆる努力が重ねられていますが，私たちの通信記録の取り方について**表1-2-2**のような枠組みを作って挑戦をしています．ぜひこれらを参考に，日本の技術レベルをさらに世界的なものへと，引き上げていただきたいと思います．

なお，私たちがQRP通信とか，QRP局であるとかいいますが，一体どのくらいの電力からQRPというのでしょう．最近になってようやく定着した世界のアマチュアの仲間でのコンセンサスでは，出力5W以下ということになってきました．0.5W以下ならQRPpと呼んだりもしますが，時代はワット(W)の時代からミリワット(mW)，さらにマイクロワット(μW)からナノワット(nW，$1/10^9$W)までを問題にするところまできています．便利な呼び方がこれから出てくることでしょう．

一方，私たちが通信をするときのコールサインの出し方では，ようやく安定してきたのが，電信ではコールサインの後に斜線を入れてQRPと表示し，電話ではコールサインの後に直接QRPと付ける方式，といえるでしょう．時に斜線の後に何Wと付けたりもしますが電波法による規定はありませんので，ご理解いただきたいと思います．

QRPでの海外通信の体験から

一般に海外通信が楽なバンドといえば，ビーム空中線もあまり大きなものを用いなくても可能な14～30MHzあたりまでをいいますが，これらのバンドは11年周期の太陽活動の影響をまともに受けやすいのです．

しかし活動の最盛期などで，28MHzなどならQRPの面白さを満喫することができます．これは電離層からの反射によって1回で届く距離が遠くなり減衰が少ないからですが，太陽活動の低調な数年は火の消えたような状態となってしまいます．ですからQRPでのDX通信は忍耐と細心の対応が求められるといえるのでしょう．

それでも私はこの5年足らずに間に，**写真1-2-1**に見られるような手のひらに乗るほどの支持台のない地球儀を相手に過ごしてきました．5W局で

第1章　導入編

写真1-2-1　手のひらに乗せられる地球儀とともに（色付きのピンはカードの来たところ、白いピンは交信済みのところ）

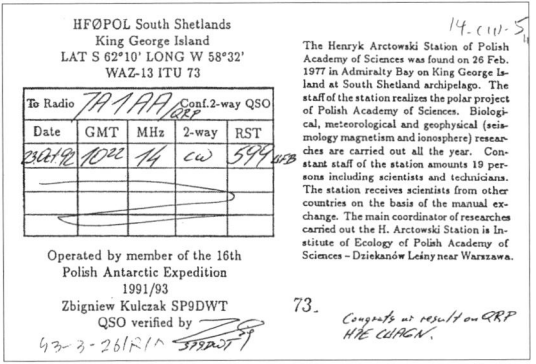

写真1-2-2　南極、南シェットランド島からのメッセージ「QRPおめでとう」

QSOできたときには白いピン（現在229カントリー分）を、カードが届けば赤いピンに変えて（222カントリー分）記録をすることができました．

こうして、「地球は一つ」の思いをさらに深められ、幸いでした．

QRPでおめでとう！

1950〜70年にかけて私は、電信一本やりで出力は200〜350Wという時代を過ごしました．その後仕事で25年ほど活動できず、カムバックした1989年からは出力5WでDX通信に集中しました．

ところで、5Wで出ていますとヨーロッパの局などから時折、「Very Congrats for your QRP」とか、「Congratulation to 5W」と言われるのに気づきました．ハム用機器王国の局がQRPに出てくるのは珍しく、またけなげなこととってくれたのかのかもしれません．そのうち、私はこういった言葉を全部メモに取るようにしましたが、いま私の手許には40人ほどのものが記録できています．

写真1-2-2は、そのようなQSOのできたポーランド科学アカデミーの南極探検隊員からのQSLです．私たちのQSOは14MHzでしたが、アメリカ経由ヨーロッパ回りの23,000kmの距離を超えて送ってくれた"おめでとう"という言葉の中に「ああ、ここにも小さいものに目をとめてくれる文化があるのだ」と知って、胸が熱くなるのでした．

(JA1AA　庄野　久男)

1-3　QRPを始めよう　〜QRP通信の手段や方法〜

QRP運用の楽しみを知っていただいたところで、早速QRPを始めてみることにしましょう．といっても、やみくもにチャレンジするだけではなかなかうまくいかないこともあるかもしれませんので、電波伝搬の仕組み（p.14、**図1-3-1**）、QRPerを見つけやすい周波数や時間帯、必要な機材などを見ていきたいと思います．

電波の伝わり方を知ろう

電波は光と同様に基本的に直進する性質を持つ

QRP入門ハンドブック　13

図1-3-1　電波伝搬の仕組み

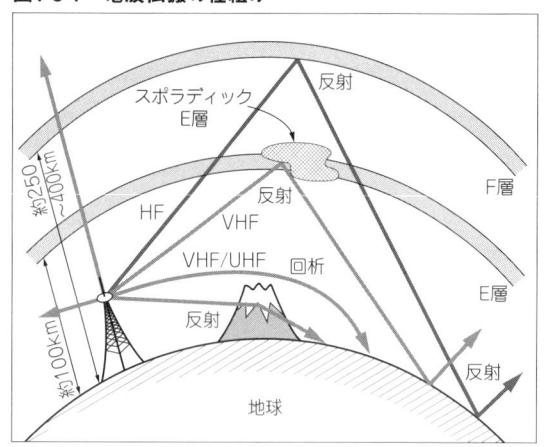

写真1-3-1　カナダ在住のVE3CGC 林 寛義さんの常用QRP機(5W)はKENWOODの往年のHFトランシーバ"TS-430V"
写真は2014年のARRLフィールドデー参加時のようす

ています．周波数が高いほど，その性質が顕著になるので，極超短波帯(300MHz～3GHz)から上の高い周波数帯では，主に見通し地点間での通信に利用されています．光ファイバ網や衛星通信網が整備される以前，日本全国を結ぶマイクロウェーブ通信網を築くために，高い山岳などにパラボラ・アンテナなどを有する中継局が設置されたのはこのためです．アマチュア無線でも，430MHz帯から上のバンドでは，山岳などに移動して遠距離通信を楽しむことが盛んに行われています．

これに対して，短波帯(3～30MHz)や超短波帯(30～300MHz)の一部の周波数帯では，電離層による反射を利用して，見通し距離よりもはるか遠方の地点との通信を行うことができます．電離層とは太陽光線などによって大気圏の上の方で生じるイオンの層で，これによって電波が遮られたり反射したりすることが分かっています．

短波帯では，主に電離層のうちF層と呼ばれる部分での反射を利用して遠距離通信を行っています．電離層で1回反射して戻ってきた電波が，地表で反射して再び電離層に届くという複数回の反射によって，地球の裏側まで電波が伝わることがしばしば起こります．

筆者の自宅の近くにある国立研究開発法人 情報通信研究機構NICTでは，かつての郵政省電波研究所の時代から長年にわたって，電離層反射で通信可能な時々の最高周波数を調べるために，短波帯をスイープしながら真上に打ち上げた電波が真下に戻ってくるぎりぎりの周波数(臨界周波数)を24時間測定しています．F層の臨界周波数が7MHzよりも十分に高ければ，このように比較的近い地域間でも電離層反射による通信が可能になります．

短波帯よりも高い周波数の電波は，このF層で反射せずに突き抜けてしまうため，通常は見通し距離外の遠距離通信は容易ではありません(回折や散乱といった電離層反射とは別のメカニズムで可能になることがある)．

しかし，季節や時間帯などによっては，普段は電離層を突き抜けてしまう超短波帯の50MHzあたりの電波を強力に反射するスポラディックE(Es)層という電子密度の高い電離層が，突発的に発生することがあります．これによって，21MHzで普段スキップして聞こえない国内近距離局が強

14　QRP入門ハンドブック

写真1-3-2　JK1TCV 栗原 和実さんのELECRAFT社の"KX3"とPalm Radio社のミニ・パドル
アウトドアにいつでも持ち出せるように，アルミ・アタッシュ・ケースに入れている．マイクやDCケーブル，電波時計，CQ ham radio誌付録のハム手帳も入っている

写真1-3-3　QRPerに人気の高いYAESUの"FT-817"
移動運用にはとても便利だ．写真はJR3ELR 吉本 信之さんの島根県隠岐郡西ノ島町からの移動運用時のようす

力に入感したり，50MHzでも国内遠距離や海外との通信を楽しむことができます．

電波伝搬の仕組みについての詳しい説明は他の書物などに譲りますが，QRP通信の場合でも，こうした直接波やF層反射，Es反射などのメカニズムを頭に入れることで，海外通信や国内遠距離交信のチャンスを手にすることができるのです．

QRP局の交信を聞いてみよう

それでは，早速実際のQRP局の交信のようすを聞いてみましょう．

一番手っとり早いのは，毎週日曜日の朝8時から11時くらいに7MHzバンドの下の方，7.003MHz付近で行われているQRP局のオン・エア・ミーティングのようすをのぞいてみることでしょう．

このオン・エア・ミーティングは，JARL QRPクラブが一時期中止していた会員登録受け付けを再開し，会員数が50人くらいになったことを記念して1993年3月から始めたもので，最初は3月7日と14日の日曜日の朝8時から30分間と決めて行いました．その後，夜間の電波伝搬のようすを調べようということで土曜日の夜8時にも行われ，いつしか毎週日曜日の朝に行うことが定着しました．

オン・エア・ミーティングといっても，キー局のコントロールで順番にチェックインする「ロールコール」方式ではなく，日曜日の朝8時から11時ごろにかけて，7.003MHz付近で誰かが「QRP」を付けてCQを出し，誰かがそれに応答するというスタイルです．QRP局以外の交信が行われている場合には，上下に少し周波数をずらしてCQを出します．やがて，クラブのメンバー以外のQRP局も含め，この7.003MHzが7MHzバンドでの国内向けQRP呼び出し周波数として定着するようになりました．

なお，7.003MHzはQRP専用の周波数ではありませんので，その前後の周波数でQRP以外の局，和文交信なども行われています．時間帯によってはDX通信が行われていることもあります．オン・エア・ミーティングだからといって，ワッチもせずにいきなりCQを出さないように注意が必要です．

2015年8月のある日曜日の朝8時に7MHzをワッチしてみました．8時ちょうどに「VVV QRL ?」と打つ局がいます．「おっ，始まるかな」と思って

聞いていましたが，また静かになってしまいました．その後，9時ちょうどに「CQ QRP」が聞こえました．それとほぼ同時に，QRHを伴いながら同じ周波数に飛び込んできた別の局が，やはり「CQ QRP」を打ち始めます．ほどなく，富山県の局と神奈川県の局の交信が始まりました．この富山の局は，20年以上前，最初にQRPクラブでオン・エア・ミーティングをやろうと提案したJA9MAT局です．ノイズやQSB，そして筆者のCW解読能力が鈍っているせいもあって，ところどころ聞き逃してしまいましたが，約10分ほどでQSOが終わり，再びJA9MAT局がCQを出します．筆者はこの日1時間くらい「ながらワッチ」している間に4局くらいのQRP局の信号を聞くことができました．

QRP局は，ローパワーでも確実に相手に取ってもらえるように，あまり高速で打電することはありませんので，CW初心者という方も心配はいりません．日曜日に早起きして7.003MHzの交信を聞いてみてください．そして，CWのライセンスをお持ちの方は，雰囲気をつかめたら，ぜひ実際に参加してみてください．

余談ですが，なぜ7MHzでのQRPオン・エア・ミーティングの周波数が7.003MHzとなったのか，今回，そのいきさつを当時のQRPクラブ会報で調べていて，意外なことが分かりました．会報の1993年1月号を見ると，筆者がQRPのロールコールをやってはどうかと提案しています．同じ号でJA1AA局が「ヨーロッパなどで普及しているといわれるQRPチャネルは，3.5～7MHzでは003kHz，14MHzより上では006kHzであろう」として，時々この周波数でCQ QRPを出しているものの，あまり応答がないとレポートしています．会報の2月号では上記のJA9MAT局が週末のミーティング

コラム2 ヨーロッパなどでQRPの呼び出し周波数として知られている周波数一覧

[CW]	[SSB]
1.843MHz	3.690MHz
3.560MHz	7.090MHz
7.030MHz（米国では7.040MHzも）	14.285MHz
10.106MHz	18130MHz
10.116MHz	21.285MHz
14.060MHz	24950MHz
18086MHz	28.365MHz
18.096MHz	
18.106MHz	
21.060MHz	
24906MHz	
28.060MHz	

出典：GQRP Club（英国のQRPクラブ）Webサイトより
上記の周波数中には，日本国内ではアマチュア局に許可されていないものもあります．実際に運用する場合は，国内法令やバンドプランの告示，すでに定着している運用慣習などに十分ご注意ください．

をJA1AA局の紹介している7.003MHzで行ってはどうかとあらためて提案し，これらを受けてクラブ役員のJA9CZJ局がオン・エア・ミーティングの開催を呼びかけたという次第です．実は，ヨーロッパですでに普及しているQRP周波数は7MHzは030kHz，HF帯のその他のバンドは060kHz（WARCバンドなどを除く）だったのですが，まだインターネットも広く普及していなかった時代，海外のQRP情報に触れる機会も少なく，誰もその誤りに気づかずにそのまま決まってしまったようです．hi．

QRPオン・エア・ミーティングなどでの交信方法

QRPだからといって特別な交信方法があるわけではありません．CQを出すときには，"CQ QRP"

第1章　導入編

写真1-3-4　JH2HTQ 中井 保三さんは"JR-599"と"QP-7"でオン・エア

と送信します．交信が始まってから互いに送信する内容は，朝昼晩のあいさつ，コールサイン，名前（ハンドル），運用場所，RSTレポート，送信機

と送信出力，アンテナ，QSLカード交換のお願いなどです．送信機が自作なら"HOMEBREW"，送信出力が100mWなら電信では"0R1WTS"，10mWなら"0R01WTS"と表現します．ただしQRPの場合，電離層の変化，ノイズや混信などの影響で交信が尻切れになってしまう可能性は通常の電力での交信よりも高まるので，1回ごとの送信内容を多少短めに区切った方がよいかもしれません．

互いに信号が安定して届いているときは，送信出力をさらに下げてみるなどの実験をお願いしてもよいでしょう．また，QRP局は自作愛好家も多いので，使用している送信機について，「終段のトランジスタは何か」などと質問されることもあ

図1-3-2　JH2HTQ 中井さん愛用のミズホ通信"QP-7"送信機キット（VFO付き）と，往年のTRIO"JR-599"受信機の組み合わせ（QRPクラブ会報より転載）
自作やキットの送信機とメーカー製受信機を組み合わせる場合は，アンテナの切り替えや受信機のスタンバイ回路に一工夫が必要だ

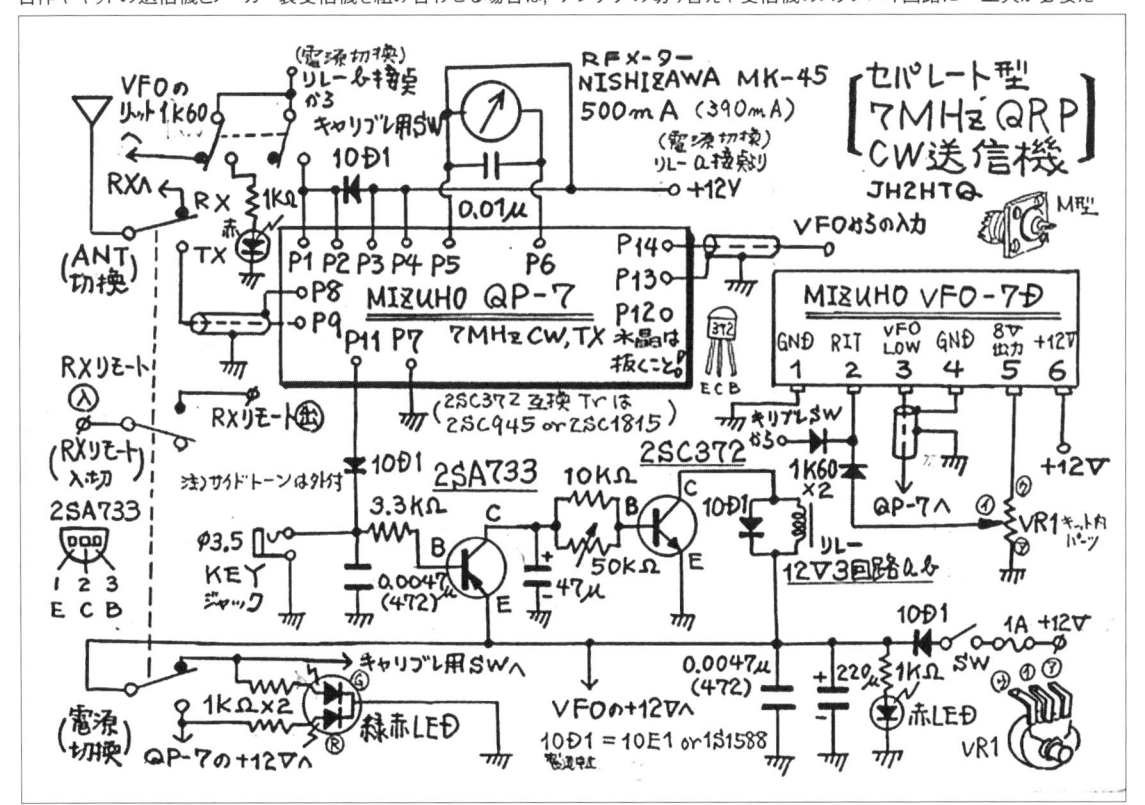

写真1-3-5 JA8CXX 高野 順一さんの21MHz用CW 1W自作送信機と中国製BCLラジオ "PL-660" の組み合わせ
最近はこのような中国製の短波帯オールバンドBFO付きトランジスタ・ラジオが安価に手に入る

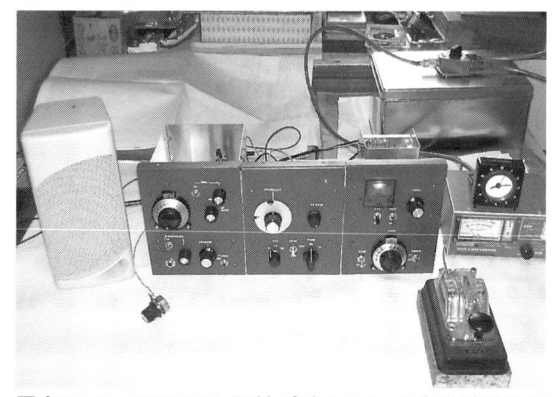

写真1-3-6 JG3EHD 西村 庸さんのオール自作送受信機のラインアップ
左からダイレクト・コンバージョン受信機，クリスタル・コンバータ，送信機（出力400mW）．IARUのHFチャンピオンシップ・コンテストに14MHzモノバンドCW QRPp部門で参加したときのようす

るかもしれません（滅多にありませんが）．

　なお，コールサインの末尾に"/QRP"と付けて送信することの是非についてはいろいろ議論があります．パイルアップなどで自局のコールサインに"/QRP"と付けて呼ぶと，どうしても送信が長くなるので，他の局に迷惑がられることがあることは知っておいてください．また，QRPオン・エア・ミーティングなど，互いにQRP局であることが分かっている場合，毎回わざわざ双方のコールサインに"/QRP"と付けるのは冗長になるので，交信が始まって最初に1回付ければ十分でしょう．

QRP局はどんな設備で運用しているのか

　QRP通信を始めるには，どんな設備を用意したらよいのでしょう．その参考になるように，JARL QRPクラブの過去3年の会報（インターネットで公開している）に載ったQRP運用レポートなどに記された設備を抜き出してみたのが，右ページのコラム 3のリストです．交信相手である外国QRP局の情報も含まれています．

　詳しく数えたわけではありませんが，幾つか気づいた点を挙げます．

❶ リグは，やはりFT-817ユーザーが目立ちますが，国産の往年の10W機や高級機でパワーを落として運用している局も少なくありません．キットや自作機，中には真空管の自作送信機でチャレンジしている局もいます．

❷ 送信出力は5Wが圧倒的に多いとはいえ，1W以下，中には30mWでがんばっている局もいます．

❸ キットや自作の送信機に組み合わせる受信機として，最近はあまり見かけなくなったセパレート型のアマチュア無線用受信機（往年のコリンズの真空管式受信機をお使いの方もいる），自作受信機だけでなく，短波オールバンドのトランジスタ・ラジオを使用している局もいます．

❹ モードはCWが圧倒的に多いのですが，DSB，AM，そしてデジタルモードであるJT65もちらほら見えます．

❺ 14/28MHzバンドではビーム・アンテナ使用局が目立ちますが，短波帯の他のバンドはダ

イポール，ロング・ワイヤ，ループ，エンドフェッドなどのワイヤ・アンテナ利用局が目立ちます．ロング・ワイヤ使用局は，自作のアンテナ・カップラなどを併用しています．50MHzではヘンテナ利用局もいます．

筆者(JG1EAD)の個人的予想では，自作機やキットでオン・エアしている局がもう少し多いかと思っていましたが，自作好きのQRPerはあまり運用レポートなどを会報に投稿していないのかもしれません．

（JG1EAD 仙波 春生）

コラム3　最近のQRPクラブ会報に見るQRP局設備一覧

• 1.8～28MHz	5W，CW，屋根裏LW		バズーカ垂直
• 18～50MHz	FT-817，5W，ダイポール	• 21MHz	ArgosyII，250mW，CW，2エレ・クワッド
• 3.5～50MHz	TS-690V，5W，SSB		
• 7MHz	自作6DJ8送信機＋ICFW7600GRラジオ，1.2W，AM，ダイポール	• 21MHz	K2，1W，CW，ロング・ダブレット
		• 21MHz	自作送信機＋自作シングル・スーパー，1W，CW，DP
• 7MHz	FT-817，4W，CW，20m LW	• 21MHz	自作送信機＋PL-660ラジオ，1W，CW，逆V
• 7MHz	FT-817，5W，エンドフェッド		
• 7MHz	FT-817，5W，60m LW	• 21MHz	自作送信機＋ICFW7600GRラジオ，500mW，SSB，DP
• 7MHz	QP-7＋VFO＋JR-599，1W，CW，DP		
• 7MHz	自作送信機＋自作受信機＋自作クリコン，800mW，AM	• 21MHz	自作807送信機＋75A4，5W，AM，ホイップ
• 7MHz	自作送信機＋自作シングル・スーパー受信機，1W，CW	• 21MHz	自作DSB 送信機＋DC受信機，500mW，垂直Zepp
• 7MHz	自作，30mW，CW	• 21MHz	真空管式スプートニク送信機，700mW，CW，TH3Jr
• 7/21MHz	自作送信機＋DX-R8受信機，1W，CW，ダイポール	• 28MHz	500mW，CW，Windom
• 10MHz	FT-817，40mスローパー	• 28MHz	1W，CW，1m長EHアンテナ
• 14MHz	2.5W，CW，50cm短縮アンテナ	• 28MHz	FT-817，5W，CW，マルチバンド3エレ八木
• 14MHz	5W，CW，ビーム		
• 14MHz	FT-1000MP，5W，CW，ループ	• 28MHz	FT-817ND，JT65，V型DP
• 14MHz	FT-817，5W，CW，ダイポール	• 28MHz	IC-756PRO，5W，CW，2エレ八木
• 14MHz	FT-817ND，500mW，JT65，MicroVert	• 28MHz	IC-761，5W，CW，6エレ八木
• 14MHz	K3，5W，CW	• 28MHz	K2，CW，バーチカル
• 14MHz	TS-430V，5W，CW，バーチカル	• 28MHz	OHR-100A，1W，CW，モノ・ダイポール
• 14MHz	K3，5W，CW，2エレ	• 28MHz	自作6AG7送信機，5W，CW，3エレ八木
• 14MHz	MFJ-9020，5W，エンドフェッド	• 28MHz	自作807送信機＋自作ダブル・スーパー，2W，CW，フルサイズ・ホイップ
• 14MHz	TS-130V，5W，CW，マルチバンド八木		
• 14MHz	TS-680V，5W，CW，GP	• 50MHz	自作送信機＋自作DC受信，500mW，DSB
• 14MHz	FT-817ND，5W，JT65，2エレ八木	• 50MHz	FT-817ND，500mW，ヘンテナ
• 14MHz	自作送信機＋DC受信機＋クリコン，400mW，CW，短縮アンテナ	• 50MHz	FT-817ND，2エレ・デルタループ
		• 144MHz	FT-817ND，5W，SSB，3エレ
• 14MHz	自作6CL6送信機，2W，CW，	• 144MHz	FT-817ND，4エレHB9CV

第2章

運用編

2-1 QRP野外運用の勧め ～HF移動運用編～

　HFの移動運用というと，大きなアンテナを上げないと駄目かと思われがちですが，そんなことはありません．簡単なワイヤ系やホイップ系，垂直系のアンテナを使うことで自宅以上に楽しむことができます．

　自家用車（モービル）を持っている方なら，トランシーバとアンテナを持って，すぐにでも移動運用ができますし，モービルがなくても，徒歩や自転車，バス，電車を使って移動運用をすることも可能です．

　今回は，お手軽にHF移動運用をするためのちょっとしたノウハウなどをご紹介したいと思います．

モービルで移動運用

　モービル（自家用車）を使って，近くの公園の駐車場から運用してみました．タイヤ・ベースとポールを使って自作ダイポールを上げました．ダイポールの高さは5mH．ダイポールの両端は木に縛り付けました（**写真2-1-1**）．トランシーバはKX3，バッテリは自動車用の38Ahのもの．KX3は，5W出力でも消費電流が少ないため，半日は十分持ちます（**写真2-1-2**）．使用したアンテナは，しっかり7MHzに同調させたので，平日にもかかわら

写真2-1-1　近くの公園でギボシ・ダイポールを上げる
タイヤ・ベースにポールを使い，滑車で上げ下げが簡単

写真2-1-2　KX3とパドルはアルミ・アタッシュ・ケースに入れて，車中にいつも準備している

ず1時間ほどで20局と交信できました．

　また，ダイポールなどのアンテナを張れないときや時間がないときに，お手軽なモービル・ホイップを使って運用することもあります（**写真**

第2章　運用編

写真2-1-3　近くの公園の駐車場から，モービル・ホイップで運用

写真2-1-4　近くの小高い山の上でHFのダイポールを上げる
4mほどの釣り竿を使った，お手軽移動運用

写真2-1-5　山の移動にはFT-817がベスト
リチウム・イオン・バッテリを使っている

写真2-1-6　お手軽HF移動のときはVCHアンテナもお勧め
組み立て，撤収が簡単

2-1-3).

そのときのコンディションにもよりますが，7MHz，10MHzのCWで遠方局(700～800km)との交信実績もあります．

■ 徒歩で近くの山の上から

山頂近くの空き地にダイポールを上げました．ポールは4.5mの渓流竿を使いました．バランは自作．アンテナは7MHzと10MHz対応のギボシ・ダイポールです(**写真2-1-4**)．トランシーバはFT-817，バッテリは二輪用リチウム・イオンを使いました．このバッテリの容量は36Whなので，FT-817を2.5W出力設定にすれば半日くらいは遊べます(**写真2-1-5**)．

また，ダイポールが張れないような狭い山頂などでは垂直系のアンテナを使います．今回はVCHアンテナを自作して持って行きました(**写真2-1-6**)．4mの長さの釣り竿にVCHアンテナを取り付け，アンテナ・カップラ(アンテナ・チューナ)

QRP入門ハンドブック | 21

写真2-1-7 VCHアンテナを使うときはアンテナ・カップラも使おう

写真2-1-8 自作したアンテナ・カップラ
高輝度LEDを使って，マッチングが取れるとLEDが消灯するタイプ

写真2-1-9 近くの小高い山の上にある公園で移動運用
VCHアンテナを使った

で同調させます．このアンテナ・カップラも自作です．VCHアンテナはアンテナ・カップラが必須なので忘れないように(**写真2-1-7**，**写真2-1-8**)．30分ほどの運用でしたが，7MHz CW，出力5Wで，1/3/8エリアの局とQSOできました(**写真2-1-9**)．

移動運用してみよう

では，実際に移動運用をする場合，どのようなことに注意したらよいでしょうか．

■ QRVするモード，バンドは？

QRPなので，パワーが少ないため，SSBよりはCW(電信)が楽しめます．お勧めバンドは，日本中の皆さんが出ている7MHz．CW専用の10MHzも土日は移動局でにぎわっています．

夜なら3.5MHzや1.9MHzですが，アンテナが大きく長くなります．日中のハイバンド(18MHz,21MHz)なら国内交信も楽しめるし，コンディションが良ければDXとも交信できます．SSBでも，18MHzや21MHzなどのHFハイバンドならQRPでも十分に楽しめます．特に夏場のEスポのときが狙い目です．

■ 移動場所はどんなところがよい？

移動する手段にもよりますが，車なら近くの公園や開けた山の上，なるべく周りに何もない海や湖の近くなどがよいでしょう．水面反射も利用できます．

ダイポールなどの長いアンテナを上げられれば一番良いのですが，場所が限られてしまうので，駐車場などで運用する場合はモービル・ホイップなどの垂直系を試してみましょう．ダイポールに比べると応答率は悪くなりますが，それでも遠距離の局から応答があります．

筆者はQRPで，HFの移動運用は90％がモービル・ホイップを使った移動運用です．500局近く

第2章 運用編

との交信実績があります.

■ 移動場所での注意

運用場所によっては,許可が必要な場合があります.ダイポールなどの大きなアンテナを上げるときやコンテストで使う場合は,事前に管理者や所有者に許可をもらうようにしましょう.また,アンテナを設営するときは,周りに迷惑が掛からないように十分注意しましょう.運用が終わったら,ゴミなどは必ず持ち帰りましょう.

運用局のモラルが悪く,無線運用が禁止になった場所もありますので,そうならないように一人一人が注意することが肝要です.

移動運用に持って行くもの,あると便利なもの

◆ リグ

5W以下に出力を下げられるのなら,普段使っているリグで大丈夫ですが,なるべく使い慣れたものがよいでしょう.移動運用では電源の問題もあるので,消費電流の少ないものを選ぶのがコツです.QRPに特化したKX3(p.20,**写真2-1-2**)やFT-817(p.21,**写真2-1-5**)などがお勧めです.シングルバンドのリグなら低消費電流なので,なおよいでしょう(SST,P-7DX,ピコ・シリーズなど).

◆ アンテナ

お手軽にやるにはダイポール・アンテナがベストです.ダイポールは半波長なのでローバンドだと長くなりますが,アンテナの輻射効率が良いのでQRPでも楽しめます.

たくさんのバンドに出たい場合は,ギボシで各バンドの長さに切り替えられるようにします(**写真2-1-10**).また,マッチングのため,簡単なバランがあるとなおよいでしょう.バランとエレメ

写真2-1-10　HFギボシ・ダイポールの接続部
2mm厚のアクリル板で自作

写真2-1-11　HFギボシ・ダイポールの給電部
QRPだが一応自作のバランを入れてみた.エレメントはギボシで接続

ントは,組み立てや分解がしやすいようにギボシ接続にしています.釣り竿の先にクリップで引っ掛けるだけです(**写真2-1-11**).ロング・ワイヤ+ATU(アンテナ・チューナ)でも多バンドに出られます.

◆ ポール,タイヤ・ベース

モービルで移動運用するときは必須です.各種の品が市販されています.長さにも各サイズがあるので,自分の財布と相談して選びましょう.筆者の場合は,車のトランクに収まる5mのものを使っています.

QRP入門ハンドブック 23

写真2-1-12 移動のときに持っていくバッテリ
リチウム・イオンとエネループが軽くて重宝する

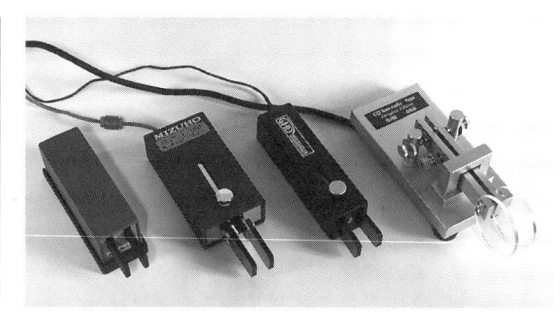

写真2-1-13 パドル各種
移動する手段などで使い分けている

写真2-1-14 移動セット一式
タッパーに入れているので忘れ物も少ない?

　徒歩や自転車移動なら釣り竿も使えます．仕舞寸法が40cm程度の渓流竿ならリュックサックにも入るので便利です．よく使うのは5mくらいのものですが，最近は無線用の竿も売っています．

◆ 同軸ケーブル

　筆者は3D-2Vを使っています．5D-2Vより一回り細いため，取り回しが良く，HF帯で使うので減衰も気になりません．長さは使うポールやアンテナにもよりますが，10m程度あれば十分でしょう．

◆ バッテリ

　モービルの移動なら大きめの自動車用シールド・バッテリを，徒歩や自転車移動なら小型軽量のリチウム・イオン・バッテリがよいでしょう．ただし，充電するときには注意が必要です．充電時間，充電電圧，電流，発熱の監視が必要です．

　もっとお手軽なのは，小さなシールド・バッテリやエネループです（**写真2-1-12**）．

◆ キー，マイク

　キーはなるべく小さいものがよいのですが，慣れていないと打ち間違うので，普段から使い慣れたものがよいでしょう（**写真2-1-13**）．マイクを忘れることが意外とあるので，忘れないように．

◆ 小物類

　変換コネクタなどを持っていると，いざというときに役立ちます．筆者は各種のコネクタを一つにまとめて持ち運びできるようにしています．また，移動するときに忘れ物がないよう，パドルやキーヤー，ヘッドホンなどをタッパーに入れてすぐに持ち出せるようにしています（**写真2-1-14**）．

◆ その他

　食事などは事前に用意しましょう．お腹がすいては楽しい移動運用もできません．移動先近くにコンビニがない場合もあります．また，携帯ガス・コンロなど，裸火を使う場合は周りに十分気を使ってください．

（JK1TCV 栗原 和実）

2-2 QRP野外運用の勧め ～V/UHFハンディ機で山岳移動～

移動運用で遠距離との交信に目覚める

V/UHFのハンディ機などを使った山岳移動，離島運用をご紹介します．

筆者は2010年冬に初めて個人局を開局しました．まずはオールバンドに出られ手ごろそうな，八重洲無線のポータブル機"FT-817ND"を購入しました．

以前，アメリカ駐在時には身近に広大な自然がありました．マウンテンバイクで走り回ったり，砂漠のど真ん中で天体写真を撮って一夜を過ごすなど，アウトドアの楽しみを知りました．日本ではまず低山歩きで"FT-817ND"をリュックサックに入れて持ち歩いていたのですが，鉛バッテリまでリュックサックに入れると，さすがにかなり重く感じられます．それで少し楽をできないかと，3バンド(50/144/430MHz)に出られる八重洲無線の"VX-8D"を購入することにしました．

モードはFM/AMだけですが，400m弱の山でも430MHzならロッド・アンテナだけで150kmくらい離れたところと交信できることを知りました．

山の方はそれだけでは物足らなくなり谷川岳に行ったのですが，$5/8\lambda$の430MHzモービル・ホイップを持っていけば，山岳同士で200km超の交信には困らないことを知りました．

そして，西穂独標(標高2,701m)で，クワッドバンドのモービル・ホイップに"VX-8D"をつないで430MHzをワッチしていたところ，徳島の移動局が聞こえてきました．まさかねー？と思って呼んでみたら一発で取っていただくことができました．直線距離で390kmあり，出力2.5Wであったので"300km超えの快挙"にワクワクしました．続けてワッチすると奈良県や和歌山県，山形県の局も聞こえてきます．

何度目かのコールでそれらの局との交信が成立しましたが，高さとそれなりのアンテナを持っていけば，FMハンディ機といえどもかなり遠方との交信が楽しめることが分かったのでした．もちろん相手局の設備が素晴らしいので遠方と交信できているのですから，移動する自分もコンパクトで性能が良く，組み立て分解が容易なアンテナを持ちたいものだと考えるようになります．

ヘンテナとの出会い

そんな中で出会ったのがCQ ham radio誌の別冊付録に掲載されたヘンテナでした．そこには"MHNスペシャル"と書かれた4エレ・ヘンテナの寸法(波長%)が出ていました．

非金属のブームに100円ショップで買ったプラスチック製の物指しを利用してみたところ，なかなかよく聞こえサイドも切れてくれます．給電部にはプリント・バランを使っているので再現性も良く，SWRも1.0近くまで下がります．分解組み立てがしやすいように蝶ねじや飾りナットを使用してみました．

これを最初に持参して移動運用したのは，標高3,000mの立山でした．雄山を過ぎた先にある"富士の折立"下の平坦なところからCQを出してみましたが，FMでも都内の局とRS 59-59でつながる

写真2-2-1 立山・富士の折立に設置したMHNヘンテナ

図2-2-1 立山三山縦走の地図

こともありました(**写真2-2-1**).中には移動運用でハンディ機の数W出力＋多エレメントのループ・アンテナの局もあります.ちょうど全市全郡コンテストでしたので,内蔵助山荘の先の小さい空き地から,降った初雪に「う～寒い」と思いながらQRVしました.コンテスト・ナンバー交換では「5928004P」(富山県中新川郡 出力5W以下)と言っても,「磐田郡18004はもう消滅していますよ,正しいナンバーを言ってください」と言われたり,「たてやま 了解です,千葉県からありがとうございました」「イエイエ,富山県の立山です28004」というやりとりをしたりで,QRP機の"FT-817ND"と"VX-8D"で楽しい交信とナンバー交換ができました.

またその後,乗鞍岳に行った際には,"VX-8D"とMHNヘンテナとの組み合わせで鳥取県の移動局と交信ができました.

山歩きのスケジュールと持ち物

まず何よりも天気が悪くては大変です.さらに,ガスバーナー用の燃料(可燃物・危険品)を持っていると飛行機を利用できないので要注意です.

表2-2-1 スケジュール表

	1日目	2日目	3日目
午前	上越新幹線等 上野→富山	5時半 起床 6時 朝食 6時半 出発 8時半 雄山到着 10時 富士の折立 アマチュア無線運用と昼食など	5時半 起床 6時 朝食 7時 設営 アマチュア無線運用 10時 降雨・運用終了 11時 下山開始
午後	富山地鉄など 富山→立山→室堂 室堂山荘チェックイン 一ノ越経由で浄土山往復 山頂でモービル・ホイップにてQRV	13時 内蔵助山荘チェックイン 昼寝 別山往復	13時 室堂山荘帰着 昼食 14時 入浴 15時 室堂→立山→富山→富山空港
	18時 夕食 入浴・天体写真撮影など 21時 就寝	18時 夕食 20時 就寝	19時 羽田空港着

表2-2-2 持ち物表

分類	内容
無線機関連	・FT-817ND/VX-8Dとマイク ・同軸ケーブル3m程度　2本 ・リチウムポリマー電池(中国製 LAPTOP型) ・電池との接続コード(#2ジャック・プラグで統一) ・VX-8D交換バッテリ ・小型ドライバー(＋ー)六角レンチ ・分解した4エレ・ヘンテナMHNスペシャル ・軽い小型三脚 ・Quadバンド モービル・アンテナ CR8900 ・小型モービル基台と三脚への固定用治具 ・ラジアル用のビニル線(M型コネクタに合う穴あき金属端子にはんだ付けしたもの) ・メモ帳・ボールペン
衣類	・通気性の良いTシャツ ・小型の綿タオル ・下着1組(靴下は+1組) ・軽量の雨具(畳めて小さくなるもの)
食料関係	・即席めん(中身だけ)・乾燥ネギ ・山小屋で作っていただいたお弁当 ・PETボトル水(500ml程度) ・コンビニで売っているドリップコーヒーバッグ ・ガスバーナー(JetBoil)・シェラカップ ・着火用のライター
その他	・リュックサック・レインカバー ・ヘッドライト(単4電池2本駆動) ・ジップロックバッグ・スーパーの小ポリ袋(ゴミ用) ・バンドエイド・メンソレータム ・携帯電話・コンパクトカメラ・Garmin(GPS) ・日本手ぬぐい・ポケットティッシュ

例えば，立山に行った際には，**図2-2-1**に示すルートと**表2-2-1**に示すスケジュールでした．また，持ち物リストを**表2-2-2**に示します．

行きは残量の多くないガス燃料を持っていたのでJR利用です．当時は上越新幹線を越後湯沢で乗り換え，ほくほく線経由で富山まで．富山からは私鉄とケーブルカー，そしてバスを乗り継いで室堂平まで行きます．山の天気は午前中の方が安定しているので早め早めに行動します．宿舎に選んだ室堂山荘は大きな浴場もあり，2,400mの高地としては別天地のようなところです．

2日目は早起きし，朝食も早め，6時半には出発します．3日目には室堂山荘に戻ってくるので，かさばる荷物は帳場で預かっていただきました．実は早めに出ないと富山始発の電車でいらっしゃる登山客の方に追い付かれてしまいます．立山は人気のトレッキング・ルートで，日帰り登山の方もたくさんいらっしゃるのです．寒くない恰好をし，山荘で作っていただいたお弁当，水を持って出発です．「一の越」経由のルートを選んだのは公衆トイレがあるためで，山の環境を汚さないようにあらかじめ出すものは出して山頂へ挑戦します．

下から見上げる岩場に，最初は恐怖心を憶えますが，登ってみると下から見るほど急峻ではありません．

40分ほどの登山で山頂，雄山の3,003mに到達します．周りには自分よりも高い山はほとんどありません．絶景です．

さらに尾根に沿って歩けば第2ピークである大汝山3,015m，第3ピークである富士の折立2,999mに至ります．第3ピークの手前に少し平らな場所があるので，ここでなるべく脇に入らぬよう，植物を痛めることがないよう，岩の上に腰かけて食事を摂り，三脚を立てて無線運用をしました．

「山の上で何を食べるとうまいか？」とよく考えますが，筆者はご飯にカレーヌードルが好きです．ゴミが出ないように中身だけで販売されている即席めんを，アルミ製小なべで調理していただきます．乾燥したネギなど薬味を持っていくとさらに満足度アップですが，汁は残さぬよう，ゴミは必ず下界まで持ち帰ります．何も残してはいけません．小一時間無線を楽しんだら，真砂岳を越えて宿泊する内蔵助山荘へ．ここではトイレがあります．朝が早いので少し昼寝したら，面倒なアンテナ類を置いて別山乗越しへ往復．ここへ来ると眼前に剱岳が望めます．

翌日は少しゆっくり準備をし荷物だけ置かせていただいて，山荘の下から全市全郡コンテストに参加しました．しかし，そのうちに小雨が降って

写真2-2-2　神津島移動運用で設置したMHNヘンテナ

写真2-2-3　青ヶ島移動運用で設置したMHNヘンテナ

きて撤収決定.

　天候が悪くなる前に下山しました.雨に濡れた岩場を歩いて足を滑らせ,下手に捻挫や骨折をすると動けなくなるので,真砂岳から分岐して雷鳥沢へ下山します.

　このルートはなだらかな下山路なのであまり心配ありませんが,室堂山荘よりも低いところに出てしまうため最後に長い階段を歩くのがちょっとつらいですね.

　このルートは,がんばれば1日で歩ける距離ですが2日に分けました.下山するに従い小雨は上がりましたが,濡れた衣服を山荘で着替えることができ,お風呂にも入れたので非常に助かりました.

さらに移動運用

　高山では,アマチュア業務以外の局がたくさん聞こえてきます.山を降りれば人家もある,工事現場もある,仕方がないといえば仕方がありません.回りに人家のないところ,生活ノイズの少ないところはないだろうかと考えて思い付いたのが島でした.

　東京都の伊豆諸島の中には400mを超える山があり,中には八丈富士のような850mの山もあります.周りは海しかありませんので,多分混信も少なかろうと,伊豆大島から始めて利島・新島・式根島・神津島・三宅島・八丈島・御蔵島・青ヶ島と9島を巡りました.

　式根島の美しい泊海水浴場を眺めながら交信したり,頂上まで徒歩でアンテナを持っていった利島の宮塚山などいろいろありましたが,素晴らしかったのは神津島の天上山と青ヶ島の浄水場の最頂部でした(**写真2-2-2**,**写真2-2-3**).

　"FT-817ND"で初めて大分の局(430MHz SSB)の信号を受信できました.アンテナはMHNスペシャルでプリアンプは使っていないという,至ってノーマルな構成でしたが,これもノイズが少ないおかげと驚きました.

　また,青ヶ島の浄水場の上からは,430MHz SSBで宮城県の局と交信ができました.

　相手局の素晴らしい設備に助けられてのことでしたが,QRPでも直線距離で650kmを超える交信ができたことに感謝するとともにロケーションの良さ,とりわけノイズの少なさを実感しました.

(JG1SMD　石川　英正)

第2章　運用編

2-3　移動運用の勧め ～WG0AT Steveの移動運用レポート～

My name is Steve, QTH is CO. USA. de WG0AT/QRP

　スティーブ（Steve）はアメリカ中部のコロラド州に住んでいます．コロラド州は山や湖の多い所で，たくさんのハムが移動運用を楽しんでいますが，QRPが大好きなスティーブは近くの山，湖にキャンプをしながら泊まり込みでオン・エアします．普通の移動運用と違うユニークなところは2匹のヤギ（ピーナッツとルースター）を引き連れ，キャンプ道具と無線機，アンテナなどの機材はヤギの背にくくりつけて移動運用を楽しんでいることです（**写真2-3-1**，**写真2-3-2**）．そのようすはユーチューブで誰でも見られます．Googleに wg0at とタイプすると簡単にそのURLが出てきますので，ぜひ見てください．動画は，ハムラジオ関係なので言葉も少なく，簡単な会話のうえラジオ用語も多いので，英語が得意でない方でも十分楽しめます．

https://www.youtube.com/user/goathiker
https://twitter.com/wg0at

私の初めてのQSO

　2005年3月22日　私は初めてWG0AT スティーブ（当時はN0TU）とQRP QSOしました．14.060MHz（QRP用周波数）で579を送り，相手からは579のレポートをもらいました．私のリグは"IC-706"の5W，自作バズーカ垂直アンテナでした．スティーブはモニュメント山（Mt.Monument）の山頂からQRP CWでのQSOでした．しばらくして翌年2009年3月20日にN0TU スティーブと再度QSOしましたが，その時のコールサインはWG0ATでし

写真2-3-1　WG0AT スティーブのQSLカード

写真2-3-2　山羊ピーナッツ

た．

　新しいコールサインの意味が分かりますか．"W"はアメリカの局，"G0AT"は英語でヤギを意味します．コロラド州は"JA1ABC"のように地域を表す数字を入れなければいけないので，"WGゼロ AT"としています．長年使っていたN0TUを

QRP入門ハンドブック | 29

写真2-3-3 WG0AT スティーブのSOTA運用風景
山羊とともに

捨ててWG0ATに変えてしまったのです．スティーブはそれほどヤギに入れ込んでいたわけです．YouTubeの2匹のヤギ（ピーナッツとルースター）と一緒の移動運用の動画を見ていただければ十分この理由が理解できると思います．

Goat Hiker ヤギを連れ，移動運用

私が知り合いになった2005年ころは「ポーラー・ベア」のクラブ員として，冬の寒い時期にわざわざ山に登ったり，寒い中でキャンプしたりと，やせ我慢大会に参加していたようでした．どんなに低い気温の中の移動運用でも2匹のヤギと一緒で，山へハイキング，湖での釣り，そしてキャンプをしながら，QRPでQSOします．当初スティーブは2匹のヤギを引き連れて活動していましたが，2013年11月のK0NRのWebサイトによると，ヤギのルースターがSK（silent key），つまり死んでしまいました．WG0ATの動画サイトにはルースターが元気に活躍していた姿が見られます．彼の後を継いだのはボー（Boo）で，最近の移動運用ではピーナッツ（**写真2-3-3**）とボーの2匹のヤギがスティーブのお供をしています．

スティーブの自己紹介

WG0AT スティーブについて紹介しましょう．QRZ.COM に書かれている自己紹介によると，スティーブは1950年代の半ばにハムラジオに興味を持ち，ダイオード（検波）プラス1石トランジスタ（音声増幅）ラジオ受信機を9歳の誕生日の贈物にもらいました．スティーブは近所の家の金属のフェンスや樋などにワニ口クリップをつないでアンテナとし，イヤホンから聞こえる番組や音楽を夢中で聞きました．以来ラジオの"とりこ"になりましたが，無線の本当の魅力に取りつかれたのは山にハイキングに出かけた際，周りには誰もいない原っぱで小さな自作のトランシーバをセットし，簡単な銅線を木に結んでアンテナにしてQSOしたときでした．以来，このときのQRPの醍醐味と興奮が忘れられず，主にQRPでオン・エアして今日まで継続しています．

スティーブのもう一つの楽しみは，リグを自作し，キャンプやハイキングの移動運用に出かけ，これらの自作リグで無線を運用することです．スティーブの移動運用には2匹のヤギがお供し，キャンプの装備や無線の機材を背に載せて運ぶというお手伝いもします．

移動運用ではトランシーバ，アンテナ，電池を背に担いでのペデストリアン（徒歩）・モービル，自転車，カヤックに取り付けたトランシーバからの運用を行います．最近は W0地域のラジオの仲間とSOTA（Summits On The Air，山岳移動運用による世界的なアワード）を楽しみ，コロラド州の山々に登り，山頂からQRPのSOTA移動運用も楽しんでいます（**写真2-3-3**）．コロラド州にはSOTAで認定されている山頂が1,500カ所あります．その

写真2-3-4　移動運用セット　その①

写真2-3-5　移動運用セット　その②

写真2-3-6　WG0AT スティーブ愛用のスパイ用無線機

他の情報は得るには，Webサイトで"QRPspots"と"SOTAwatch"を検索してください．

移動運用の機材

　WG0AT スティーブの動画に出てくるリグについて書きましょう．以下のリグのほとんどはスティーブが使っているものですが，移動運用は仲間が一緒の時もあり，本人のリグではないものもあります．Yaesu "FT-817"，Yaesu "FT-857"，Elecraft "KX1" と "KX3"，"40SST"，"Tuna Tin 2 by NJQRP"，"ATS-3A"，"ATS-4"，"LD-5" などが動画で確認できます．写真でスティーブの移動運用セットをご覧ください（**写真2-3-4**，**写真2-3-5**）．移動運用のアンテナは "Buddipole"（分解，折り畳み式の移動用ダイポール）を愛用しています．20mバンドのCW（14.060MHz）とSSBのQRPでコロラド州の山の頂上からオン・エアすることが多いようです．コンディションにも左右されますが，北米の局だけでなくヨーロッパの局ともたくさんQSOできているといいます．ただし，SSBでは苦しいようで，逆にいえば，QRPではCWの方が思いがけないQSOができやすいのは事実のようです．

ストレート・キー・ナイト

　QRPとは直接関係ないのですが，スティーブは往年の無線機も愛用しており，その運用から昔のハム局の様子をうかがうことができ興味深いので，その点に少し触れておきたいと思います．

　日本では1月2日にお正月のQSOパーティを行いますが，こちらでは毎年，ARRL（米国のアマチュア無線連盟）主催のストレート・キー・ナイト（Straight Key Night, SKN）があります．これはCWでQSOをするのが主な目的ですが，多くのハムの方は一昔前のリグ（真空管式のトランシーバ，送信機，受信機が多い）を物置から取り出して，昔を懐かしみながらのんびりとQSOを楽しみ，お正月を祝います．スティーブが第2次大戦当時の

写真2-3-7　WG0AT スティーブの愛用膝打ちキー

スパイ用無線機を使うようす(**写真2-3-6**)と，彼の愛用の膝打ちストレート・キー(**写真2-3-7**)をご覧ください．もちろん，使用する機種が新しいソリッドステートの最新式のトランシーバでも一向にかまいません．

私のログブックを開くと，2008年12月31日に「N0TU スティーブと7.051MHz，UTC 11：20にQSO．RST 589，CWは若干チャープ音(ピューピューの音が入っていた)，PWR 25W，垂直アンテナ」とメモしてありました．また，年が明けて，2009年1月4日にもQSOしています．そこには「14.042MHz，UTC 17：02，RST 599，PWR 80W，垂直アンテナ」と記入してありました．

スティーブの2009年のSKNの動画を見ると，画面には真空管式のトランシーバや送信機，受信機，いろいろなメーカーの珍しい縦振りキーなどがたくさん見られます．送信機は"Johnson Viking Adventurer"(807真空管，25W，クリスタル発振，CW)とHeathkitのVFO"VF-1"，Drakeの200W送信機"T4X"，受信機は"Drake 2Bと2BQ(スピーカ)を使っていました．

https://www.youtube.com/watch?v=aAk7gRdwpGs

この動画で，昔のハム局がどのようにオン・エアしQSOをしていたか，本当に参考になり，新しいトランシーバでのQSOを行っている私たちとの差を感じさせられ，技術の進歩にも気が付きます．

(VE3CGC 林 寛義)

2-4　QRPでもできる海外通信

QRP DXの魅力

ご存じのように，DX交信というのは外国局と交信することです．国内局との交信でおしゃべりをしたりアワードを集めるのもよいのでしょう．しかし，やはりアマチュア無線の醍醐味である外国局と交信して奇麗なQSLカードを手にしたり，アワードやコンテストなどを楽しみたくなると思います．

また，交信エンティティー数を競うDXCCアワードなどのプログラムも参加したくなりますよね．

ハイパワーで運用すれば，それほど難しくなくDX局と交信ができます．でも，インターフェアなどのトラブルが起こる場合があります．そうなれば無線どころではありません．少ないパワーでDX通信ができるに越したことはありません．

筆者もハイパワー運用でのインターフェアがあったため，QRPでDX局を追っかけるようになりました．QRPでDXコンテストに参加したり，DXCCアワードをゲットしたりもしています．何より，並み居るハイパワー局を抑えて少ないパワーでパイルアップを抜けて交信できたら，その感激もひとしおです．

第2章　運用編

どのバンド，モードがよいのか？

　国内局と違って通信距離が離れているため，使用するバンドやモード，季節でDX局の聞こえてくる状況が違ってきます．

◆ 季節

　1年のうちに一番良いコンディションは春と秋でしょう．具体的には2月～7月，9月～11月くらいです．もちろんそれ以外の月がまったく駄目ということはなく，近い距離の韓国，中国，台湾などの局は1年中聞こえています．

◆ 時間

　筆者の経験から，朝と夕方がよいでしょう．日の出と日の入り前後の時間がベストですが，使用するバンドによっては，日の入り前が良かったり，日の出後が良かったりします．

　DX局の場所とバンド，時間でも変わるので，CQ ham radio誌のHF帯コンディション予報などで確認してみるのもよいと思います．

◆ バンド

　ミドルバンドといわれる14/18/21MHzあたりが一番良いと思います．

　ローバンドの1.8/3.5/7MHzは特に冬場がよいのですが，1.9MHzや3.5MHzは高ゲインのアンテナとパワーがないと交信が難しくなるので，QRPでは難しいかもしれません．．

　ハイバンドの24/28MHzは，夏場のEスポ・シーズンになると多くの局が聞こえます．特に28MHzでEスポが発生すると，中国，台湾，韓国や東南アジアの局がよく聞こえ，QRPでも簡単に交信できます．

　時間帯によっては，南米(**写真2-4-1**)やオセアニアの局などがよく聞こえてきます．パイルアッ

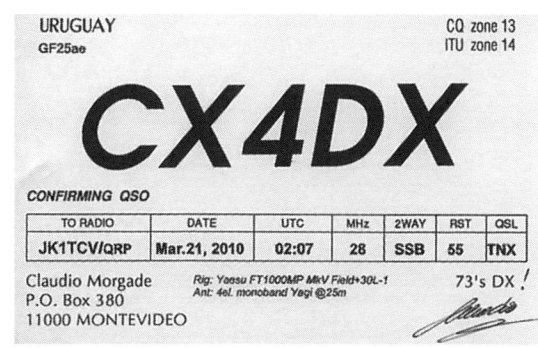

写真2-4-1　南米ウルグアイのCX4DXから届いたQSLカード

プになっていなければ，QRPで交信できるかもしれません．

◆ モード

　QRPでDX通信を行う場合，一番お勧めなのはCWです．S/N比がSSBよりも良いため，少ないパワーで相手まで届きます．

　SSBでも近距離の東南アジアやオセアニアの局となら可能でしょう．コンディション次第ではアフリカやヨーロッパとも夢ではありません．

　優れたソフトのおかげでしょうか，最近RTTYを始める局も多いようです．筆者はMMTTYを使っています．QRPだとパワーは劣りますが，そこそこ交信できています．

　FMは29MHzで使われており，夏場にEスポが発生するとたくさん聞こえてきます．主に東南アジアですが，オーストラリアなども聞こえてきます．

トランシーバ，アンテナなど

◆ トランシーバ

　QRP DX運用を楽しめるトランシーバにはどのようなものがあるでしょうか？

　普段使っているものでOKです．使いやすいものが良いでしょう．最近のトランシーバは出力パワーを下げる機能が付いていますが，中には5W

写真2-4-2 筆者（JK1TCV）が愛用するエレクラフトのトランシーバ"K3"＋バンドスコープ"P3"

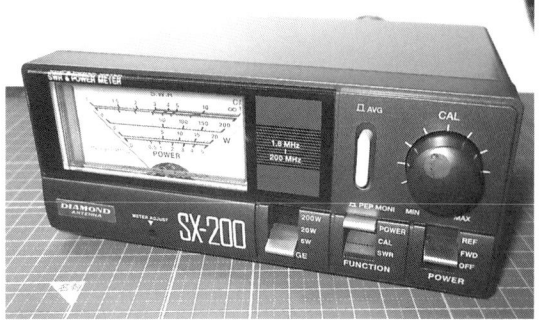

写真2-4-3 パワー計

写真2-4-4 自作のダミーロード

まで下がらないものがあります．定格200Wのトランシーバに多いようです．交信する前には自分の持っているトランシーバの最低出力を確認しましょう．

QRPは5W以下となっているので，最低でも5Wまで下げられるもの，できれば1〜2Wぐらいまで下げられるトランシーバを使うのがベストです．

筆者がメインに使っているのはエレクラフト"K3"です（**写真2-4-2**）．

その他には，"K2"や八重洲無線の"FT-817"を使っています．

CWをやる場合はナロー・フィルタが必要になります．通過帯域が500Hz程度あれば問題ありません．

あまり狭帯域のフィルタだとゼロインがやりにくくなります．最近のトランシーバはフィルタを必要としないものもあるので，事前に確認をしましょう．

また，最近はバンドスコープを内蔵したトランシーバも増えてきました．スプリット運用のときに，送信周波数が空いているのか確認できるので便利です．

出力を確認するにはパワー計（**写真2-4-3**）も必要になります．筆者はSWR/POWER計を使って確認しています．不用意な電波発射を行わず，またアンテナを保護するためにも，ダミーロード（**写真2-4-4**）をつないで確認しましょう．

◆ アンテナ

ゲインの高い多素子のビーム・アンテナがあれば一番良いのですが，ダイポール・アンテナやモービル・ホイップでもQRPによるDX交信は可能です．

ローバンドは，ダイポールやロング・ワイヤを使って地上高をなるべく高く設置しましょう．

できれば，ダイポールは効率の良い1/2波長のフルサイズがお勧めですが，アンテナ長が長くなる

ため，設置できない場合は短縮タイプでもよいでしょう．

ミドルバンドやハイバンドは，八木アンテナやコンパクトなHF用HB9CVも最近では発売されていますので，これらを使うとよいでしょう．

また，八木アンテナなどのビーム・アンテナを上げられない場合は，ダイポールや，釣り竿アンテナ＋ATU（オート・アンテナ・チューナ）を使った垂直系アンテナやモービル・アンテナで行うと思わぬDXと交信できるかもしれません．

筆者の知り合いには，ベランダに設置した釣り竿アンテナ＋ATUや，フルサイズのダイポールを使ってQRPでDXと多く交信している局があります．

また意外ですが，モービル・ホイップもDX通信に有利です．とある10月の夕方，24MHz CWでモービル・ホイップに出力5Wで，イギリスやフランスと交信できたことがあります．

モービル・ホイップは打ち上げ角が低いため，ゲインが低くても遠くまで届くときがあります．コンディションが良いときはモービル・ホイップでもそこそこ楽しめるでしょう．

アンテナの整備と調整はこまめに行いましょう．QRPでパワーが少ないうえに，アンテナのSWRが悪いとその分ロスも多くなります．SWRが最小になるように十分に調整するのが秘訣です．

筆者が使っているアンテナは，1.8/1.9MHzは40m長のロング・ワイヤ，3.5MHzは地上高7mHのフルサイズのワイヤ・ダイポールですが，敷地からはみ出てしまうので，片側のエレメントを折り返しています．それでもSWRは1.1に収まっています．

写真2-4-5　筆者（JK1TCV）のアンテナ

なお，7MHzと10MHzはロータリー・ダイポール，14〜28MHzは5バンドの4エレ八木アンテナを使っています（**写真2-4-5**）．

タワーは21mHのクランクアップ・タワーを使っています．以前は10mHの移動用マストに7MHz，18MHz，21MHzのワイヤ・ダイポールを使っていました．

このアンテナでも100エンティティーとの交信ができていますが，八木アンテナへとさらにグレードアップすることで，アフリカの珍局ともQRPで交信できるようになりました．

自分のできる範囲でアンテナを工夫してみましょう．

◆ **その他の設備（電鍵，マイクなど）**

CWで楽しむなら電鍵は欠かせません．縦振れ電鍵でのんびり交信するのもよいですが，DX局と交信するにはやはりパドルになります．

筆者は多くのパドルを持っていますが，一番使いやすいのはベンチャーの"JA-2"です（**写真**

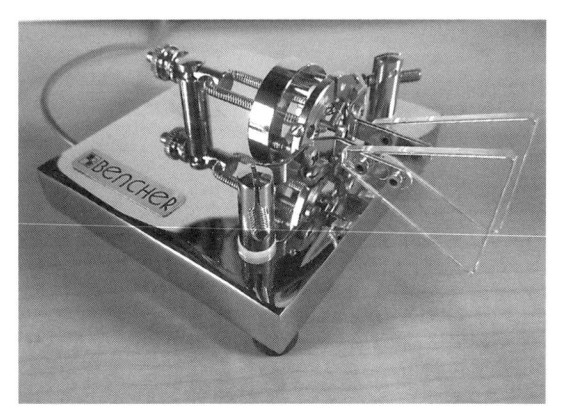

写真2-4-6 ベンチャー製のJA-2

2-4-6).打った感じは結構軽く柔らかいので,高速CWに向いています.

　各自の好みがあるので,気に入ったパドルを探すのも楽しみの一つです.

　マイクはトランシーバに付属のものを使っています.エレクラフト製の"MH2"です.

　最近のトランシーバには送信音質が変えられるものもあるので,ローカル局に音質を聞いてもらい,やや高音が出るような設定にするとよいでしょう.

　くれぐれも過変調にならないように,マイクゲインとコンプレッサの調整を行ってください.

　ヘッドホンは八重洲無線の"YH-77STA"を使っています."K3"はサブ・レシーバを入れているので,スプリット運用の場合,左チャネルでDX局の信号を聞きながら,右チャネルで送信周波数を聞いて,混信になった場合はすぐにQSYできるようにしています.

　音楽鑑賞用のヘッドホンだと低音が強すぎて疲れてしまうので,DX通信には値段が安い方がよいようです.

　ヘッドホンも好みがあるので,お店で聞き比べてから選ぶものよい方法です.

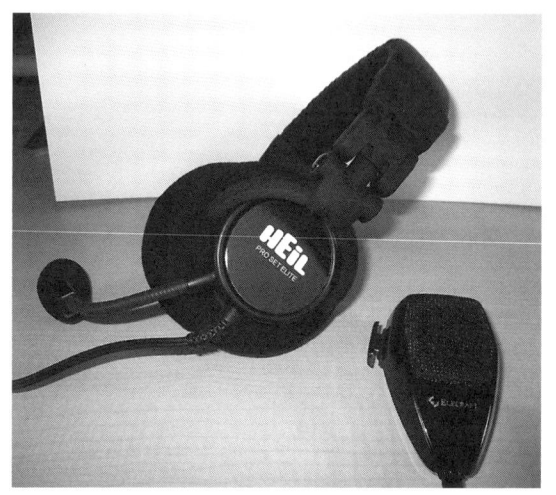

写真2-4-7 MH2とヘイルサウンド製のヘッドホン

　それから,無線通信用としてヘッドホンとマイクが一体になったものもあります.筆者はヘイルサウンドの"PRO-SET ELITE"(**写真2-4-7**)を愛用しています.特にDXコンテストのときに使うことが多いです.PTTスイッチを自作して,手元で操作できるようにしています.ヘッドホンが大きいため音質は良好です.

伝搬状況とDX情報

　さて,DX局がどこから出てくるのか事前に分かれば,やみくもにワッチしなくとも効率の良い交信が行いやすくなります.

　前述したように,実はどのバンドでどこに伝搬が開いているか予想を立てられます.パソコンのソフトで伝搬予想もできますが,一番分かりやすいのは,CQ ham radio誌のHF帯コンディション予報(**写真2-4-8**)です.

　予想チャートから,目的のDXがどのバンドでいつごろ開けるかが分かります.

　また,DXペディションの予定などはインターネットで検索すると出てきます.

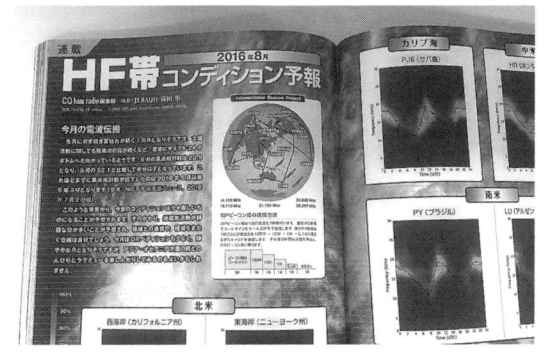

写真2-4-8　DX入感チャート

筆者がよく使うサイトは以下になります．

- Announced DX Operations

    http://www.ng3k.com/Misc/adxo.html

- DX World

    http://www.dx-world.net/

- DXCOFFEE

    http://www.dxcoffee.com/eng/

　また，DXクラスターやRBN（Reverse Beacon Network）も参考にしています．

　DXクラスターはリアルタイムでDX局のQRV情報をネットに流していますが，筆者がよく見ているサイトはこちらです．

- DXSCAPE

    http://www.dxscape.com/

- DXSummit

    http://new.dxsummit.fi/#/

　ほかにも何種類かあるので，好みに合ったサイトを見られるとよいでしょう．

　ただし，クラスターに載っていても聞こえないときもままあります．また，間違った情報も上がることがあるので，参考程度にした方がよいかと思います．

　RBNは自分の送信した電波を自動的に受信してコールサインとともにWebサイトに掲載するもの

写真2-4-9　筆者（JK1TCV）のシャック・レイアウト

です．すべてのDX局を網羅しているわけではありませんが，思わぬ珍局がRBNに上がって，聞いてみるとCQ連発，クラスターに上がる前に交信できたことも何回かあります．これも絶対というものではないので，参考程度にとどめておきたいものです．

- REVERSE BEACON NETWORK

    http://www.reversebeacon.net/main.php

シャックの一例

　さて，トランシーバやアンテナなどがそろったら，シャックを構築してみましょう．

　メインのトランシーバはラックのセンターに置いて，見やすい位置にSWR/POWER計などを配置するのがよいでしょう．

　アンテナが複数あるなら同軸切替器を使いましょう．

　最近の無線運用ではパソコンも必須です．ノイズが発生することが意外と多いので，パッチン・コアやアースをしっかり取って，ノイズ対策をしましょう．

　筆者のシャックを**写真2-4-9**に紹介します．

QRP入門ハンドブック | 37

3段ラックの真ん中にメイン・トランシーバの"K3"，左にはSWR/POWER計を置いています．

下にはサブ機の"K2"，"TS-690V"を置き，ラック側面に付けた同軸切替器でトランシーバとアンテナを切り替えています．

安定化電源はスイッチング・タイプを使っているので，なるべくトランシーバから離し，ラックの最上段に置いています．

また安定化電源からのノイズ対策として，電源ケーブルにパッチン・コアを入れています．

各人で使いやすいように工夫してみましょう．

交信のテクニック

QRPに限らず，DXと交信する場合はまずは丹念にワッチすることです．

クラスター・ワッチという言葉が最近はあるそうです．なんでもインターネットでDXクラスターだけを見て，珍局が表示されたら無線機の電源を入れて聞くことだそうです．これではQRPでDX局と交信できる確率はかなり低くなります．聞いたときにはすでにパイルアップが大きくなってしまい，交信が無理になるからです．

まずはバンドの下から上まで丹念にワッチすることをお勧めします．CW帯からRTTY帯，SSB帯まで，バンドの隅々までくまなくワッチしましょう．QRPではハイパワー局より先に早くDX局を見つけないと交信するのが難しくなります．CQの出し始めなどを発見すれば，QRPでも交信できる確率が高まります．

ある時，ダイヤルを回していたらDX局のCQを発見，即コールして交信が成功しました．すぐにDXクラスターに載って，大パイルアップになったこともたびたびです．間一髪のセーフでした．

また，あるDXペディション局は期間が2週間と長い運用だったので，最初の1週間はどの時間にどのバンドに出てきて周波数はどのくらいなのか，いろいろ調べました．

調べた結果を基に2週目は待ち受けし，パイルアップとなる前にQRPで交信できたこともあります．比較的大きなDXペディション局の場合は運用の後半が狙い目です．

多数から呼ばれるDXペディションは，送信と受信の周波数が同じでは重なってしまい，受信が困難になります．そこで多くは送信と受信周波数を少しずらすスプリット交信を行います．もし，DX局からアップ2とかの指定（この場合は受信する周波数よりプラス2kHzアップして送信してくれという意味）があった場合は2kHzぴったりで送信するのではなく，少しずらして（例えば2.2kHzや中には3kHzとかで）送信した方がDX局はよりよく聞き取れ，早く取ってくれることがあります．

さらに，DX局によってはスプリット幅を指定せず，単にアップとだけ打つ（言う）局もいます．その場合は，やみくもにアップで呼ぶのではなく，いったん周波数の高い所を聞いて，応答があった局がどの周波数なのか確認してから，そのちょっと上か下で呼ぶと取ってくれる確率が高くなります．

しかし，同じ周波数でQRPとハイパワー局が同時に呼んだら勝ち目はありませんので，なるべく誰も呼んでいない周波数で呼ぶと，意外と応答があります．DX局から見れば，たくさん呼んでいて訳が分からないところよりも，一つだけぽつんと呼んでいる局を取った方が効率としては良いのでしょう．

最近はバンドスコープ（**写真2-4-10**）機能が付い

たトランシーバも増えてきました．これを使うと，DX局をコールした局に応答があった場合は一目で分かります．またその周辺でコールすることで，効率良くDX局をハントできると思います．

QSLカード発行，LoTW，e-QSL

QSOができたら，次はQSLカードを発行しましょう．QSLカードは国内向けと同じ様式で問題ありませんが，交信時間だけはUTC(JSTより9時間マイナス)で記入しましょう．その際，午前0時から午前9時までは日付けが1日前になるので注意が必要です．

DX局にQSLカードを送る場合は，直接郵送するかあるいはビューロー経由で送ります．直接郵送する場合はQTHを調べなければなりません．筆者がよく使うのはqrz.comというサイトです．

http://www.qrz.com/site.html

この検索ページでDX局のコールサインを検索すると住所が出てきます．

また時々，QSLマネージャ宛てに送るようにとの指示のある場合があります．そのときは，QSLマネージャの住所へ送るようにします．

その際，SASE(Self-Addressed Stamped Envelope，返信用封筒に自分の住所・氏名，コールサインを明記したもの)と，返信料のIRC(国際返信切手券)を同封します．

なお，アメリカや英国などのようにIRCが使えない国もあるので，その場合はビューロー経由となります(封筒へドル札などを入れると相手国の法律に違反し，没収される場合もあるので，注意してください)．

ビューロー経由の場合は，JARLビューロー宛てに国内向けQSLカードと一緒に送れば，相手国のビューローへ送ってもらえます．ただし，JARLビューローでは送れない海外ビューローもあるので，JARLのホームページで確認してください．

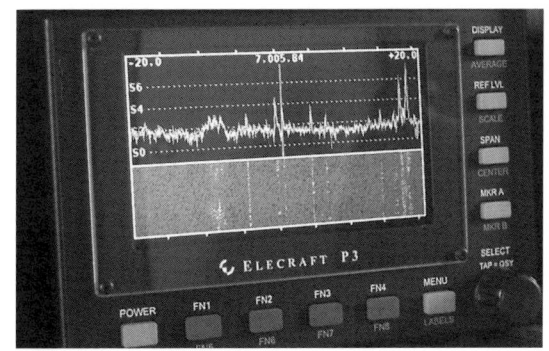

写真2-4-10　K3用のバンドスコープ"P3"

最近ではOQRSというサービスを使っているDX局もあります．OQRSの正式名称はOnline QSL Request Systemで，自分のQSLカードを送らなくてもよい方式なので，こちらの方がはやっています．DX局の指定銀行口座へ送金と同時にE-MailでQSOデータを送る方法や，Club LogというサイトでOQRSを選択してQSOデータを入力し，PayPalで送金するというものなどです．

こちらは，直接郵送かビューロー経由かを選べます．また，最近の大きなDXペディションではClub LogのOQRSが多くなっています．

ちなみに，PayPalはクレジットカードを登録して決済代行を行うサービスです．詳しくはインターネットなどで調べてみてください．

それからLoTWという電子QSO承認システムもあります．ARRL(American Radio Relay League)が行っているもので，交信データをLoTWのサーバにアップロードしておけば，DX局の交信データと照合して交信したことを証明するものです．

これは主にARRLで発行しているDXCCアワー

ドに使われています．筆者もLoTWをやっていますが，QSLカードを必要としないのでDXCCアワードをやっている方には非常に便利な仕組みです．QRPにかかわらずDX局を追っかけている局はぜひ参加していただきたいと思います．

LoTWに似たようなものにe-QSLがあり，代表的なサイトとしてeQSL.ccがあります．

http://www.eqsl.cc/qslcard/Index.cfm

QSOデータを照合してWebサイト上でQSLカードを発行するものです．DXCCアワードには使えませんが，JARL発行のアワードには使えるようです．最近は紙カード発行をやめて，こちらに変える局も多いようです．

まとめ

ハイパワー交信も面白いのですが，パワーを下げてQRPでDX局と交信できると，「こんな少ないパワーでも何千km先のDX局まで自分の電波が飛んでいったのか」と，新たな感動を覚えることでしょう．

また，QRPでDXコンテストをやったりQRP特記のアワードをもらったりと，楽しみが増えると思います．

まずはワッチして，トランシーバのパワーを下げ，聞こえたDXを呼んでみてください．応答があったらしめたものです．きっと大きな感動を味わえるはずです．

Let's enjoy QRP DX！

(JK1TCV 栗原 和実)

【参考文献】
(1) アマチュア無線トレンド用語50, CQ ham radio, 2016年2月号 別冊付録, CQ出版社．
(2) 栗原 和実(JK1TCV)；QRP通信 第18回 QRPでDX交信にチャレンジ, CQ ham radio, 2007年11月号, CQ出版社．

2-5　QRPによるコンテストとアワード

QRPによるコンテスト参加

決められた時間内にできるだけ多くの局と交信し，ルールに従って交信結果から得点計算を行い，得点の多寡で順位を競うのがコンテストです．

JARL主催の国内コンテストが毎年4回開催されるほか，JARLの地方本部や都府県振興局支部，各種クラブなどが主催するいわゆるローカルコンテストも多数開催されています．

現在，日本で開催されているさまざまなコンテストにおけるQRPの位置付けを見てみると，
(ア)参加資格がQRP局のみであるコンテスト(例，JARL QRPクラブ主催のQRPコンテスト，きゅうあ～るぴぃ～コミュニティ主催のQRP Sprintコンテスト)
(イ)そういう限定がないコンテスト
に大別できます．さらに，(イ)の参加資格に限定のないコンテストは，
(Ⅰ)参加部門にQRP部門(JARL主催コンテストでは種目Pと称するが，以下「QRP部門」という)が設けられているもの(例：JARL主催国内コンテストなど)
(Ⅱ)得点計算の方法などで，QRP局が有利に扱わ

第2章　運用編

写真2-5-1　オール兵庫コンテスト（賞状は2015年県外局，電信電話，シングルオペ，QRPのもの）
JARL兵庫県支部主催，電信電話，シングルオペにQRP部門あり．2015年は1月4日に開催

写真2-5-3　オール熊本コンテスト（賞状は2015年県外局，電信個人マルチバンドQRPのもの）
JARL熊本県支部主催，電信個人マルチバンドにQRP部門あり．2015年は1月11日に開催

写真2-5-2　東海QSOコンテスト（賞状は2015年管外局，シングルオペ，電信電話オールバンド，QRPのもの）
JARL東海地方本部主催，電信電話オールバンドにQRP部門あり．2015年は3月21日に開催

写真2-5-4　静岡コンテスト（賞状は2014年県外局，電信，7MHzのQRP参加のもの）
JARL静岡県支部主催，HFのQRP部門あり（ただし出力1W以下）．2015年は5月4日に開催

れるもの（例：静岡コンテストなど）

（Ⅲ）通常局とQRP局がまったく同じ扱いとなり，同条件で順位を競うもの
に大別できます．

　ですから，QRPでのコンテスト参加についても，QRP部門での優勝などを目指す局，得点計算上QRPに与えられる恩恵を活かして高得点を目指す局，通常局に混じって出力のハンディがある中での高得点を目指す局，とにかくコンテストが大好きでQRP局のみに参加資格があるコンテストにも参加する局，QRP交信でのアワード完成のため多数の局との交信を目的に参加する局，とにかく

QRP入門ハンドブック　41

写真2-5-5　静岡コンテスト優勝局の表彰楯（表彰楯は2014年県外局，電信，7MHzのQRP参加のもの）

写真2-5-6　QRP Sprint コンテスト（賞状は2015年電信電話オールバンドQRPp部門のもの）
きゅうあ〜るぴぃ〜コミュニティ主催，参加資格はQRPまたはQRPp局のみ，2015年は5月10日に開催

QRPでたくさん交信したい局など，その動機，楽しみ方はさまざまです．移動運用でのコンテスト参加には電源確保が一つの問題となりますが，QRPなら自動車用のバッテリなどで長時間運用が可能なので，電源確保の観点からQRPで参加する局もあります．

コンテスト参加の第一歩（ルールの確認）

コンテストに参加するには，開催されるコンテストとそのルールを知ることが出発点です．この情報は，JARL NEWSやCQ ham radio誌に掲載されているほか，インターネットでも得られます．

こうした情報がルール概要である場合には，QRPについて何らかの特別の取り扱いがあるかどうかを確認するため，コンテスト主催者のホームページなどで最新かつ詳細なルールを確認することが必要です．

ルールに関するQRP特有の注意点は以下のとおりです．個別のコンテストへの参加に当たっては，ルールをよく確認してください．

◆ QRPの定義

JARLのアワードルールでは，QRPは出力5W以下と定義されており，一般的なコンテストでもQRPは5W以下とされています．ただ，例えば，静岡コンテストでは1W以下，1エリアAMコンテストでは0.5W以下と決められているなど，異なる場合もあるので注意が必要です．

◆ リグの制限の有無

一般的にリグに制限が付されていることは稀で

写真2-5-7 フィールドデーコンテスト（賞状は2014年電信電話部門, QRP種目のもの）
JARL主催, 電信・電信電話の各オールバンドにQRP部門あり. 2015年は8月1日～2日に開催

写真2-5-8 オール秋田コンテスト（賞状は2014年県外局, 電信電話, シングルオペQRPマルチバンドのもの）
JARL秋田県支部主催, 電信電話シングルオペマルチバンドにQRP部門あり. 2015年は9月12日～13日に開催

あり，5Wを超える出力が出せるリグであっても，リグのパワー・コントロールやアッテネータの付加により出力を5W以下に絞って参加することが認められています．その場合，コンテストルールに「出力低減による参加を認める」などと書かれているのが通例です．ただ，例えばJARL QRPクラブ主催のQRPコンテストには自作機部門があり，この部門では「送受信機の何れか一方又は両方がメーカ製以外のもの」と定められています．

◆ 出力実測と記録の要否

定格出力が5W以下のリグ（例：FT-817ND）を使用する場合は問題ありませんが，5Wを超えるリグの出力を絞って参加する場合には，電力計で実測して出力が5W以下であることを確認すべきです．さらに，静岡コンテストのように，「証拠の提示を求める場合があるので，出力を実測して記録を残す．写真を残すなどの処置をしておくこと」と定められていることもあり，その場合は実測時の写真撮影などが必要です．

◆ 運用時のコールサイン

普段の交信でもそうですが，QRP運用時にJE1NGI/QRPとコールサインの末尾に「/QRP」を付加するかどうかという問題があります．

多くのコンテストでは「/QRP」の付加は求められていません．例えばJARL主催のコンテストでは，その必要はありません．

写真2-5-9 全市全郡コンテスト(賞状は2011年電信電話部門，14MHz 種目P(QRP)のもの)
JARL主催，オールバンド・シングルバンドにQRP部門あり．2015年10月10日〜11日に開催

写真2-5-10 愛・地球博記念コンテスト(賞状は2014年電信電話部門，QRPのもの)
JARL東海地方本部主催，電信電話部門・オールバンドにQRP部門あり．2015年は9月22日〜23日に開催

コンテスト参加局は，皆できるだけ少ない文字数を送受信して迅速に交信を完了したいと考えているので，「/QRP」の付加が求められていないコンテストでは付加しないのが一般ですし，また，筆者もそれが適切だと思います．ただし，例えば静岡コンテストでは，交信による得点が2倍になるQRPでの参加の場合，「/QRP」を付加することが義務付けられているなど，「/QRP」の付加が必要な場合もあります．

より多くの局と交信し，スコアアップするために

◆ CWの重要性

コンテストでCWを使うことのメリットは大きいです．QRPの場合どうしても信号が弱くなるので，CWの方が有利であること，コンテスト参加者のCW使用割合が高く，CWで出られると交信局数が増えることなどが理由です．

CWでのコンテスト参加というと，ものすごい高速のCWを受信できなければならないなど，ハードルが高いと思われがちですが，そうでもありません．コンテスト時の交信内容はほぼ完全に決まっているので，ラバースタンプQSOより簡単です．確かに，速度の点では通常のQSOより多少早いところはありますが，CQを出す局としても，送信速度を上げて応答可能局を減らすより，そこそこの速度でCQを出してコールしてくれる局を増や

第2章　運用編

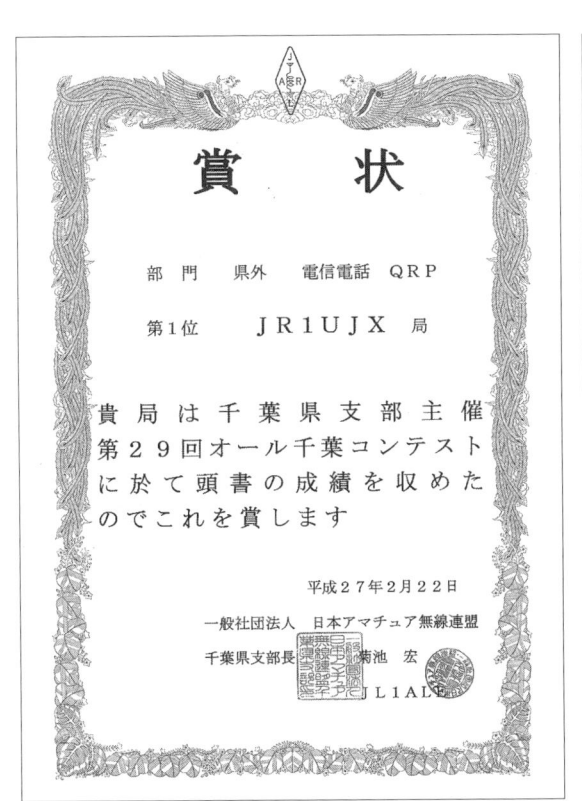

写真2-5-11　オール千葉コンテスト(賞状は2014年県外,個人局,電信電話,QRPのもの)
JARL千葉県支部主催,個人局電信と電信電話にそれぞれQRP部門あり.2015年は10月18日に開催

写真2-5-12　FCWA CW QSO パーティー(賞状は2014年QRP部門のもの)
福島CW愛好会主催,QRP部門あり.2015年は12月5日に開催

したいと考える場面も多いので,そんな無茶な速度でCWを送っているわけではありません.

また,メモリ・キーヤーとかコンテスト用ロギング・ソフトウェア"CTESTWIN"とインターフェース"USBIF4CW"(**写真2-5-13**参照)などを使って,送信部分を機械に手伝ってもらえば余裕を作ることもできるので,CWの免許を持っているならぜひトライすることをお勧めします.

◆ アンテナのグレードアップ

QRP運用時に実際によく起きるのは,相手局の信号は聞こえているのにこちらからコールしても応答がないという状況です.出力を上げられないので,考えるべきはアンテナの性能向上です.

アンテナのグレードアップというと,自宅のアンテナはこれ以上のグレードアップが困難だと思われるかもしれません.そういうときこそ移動運

写真2-5-13　インターフェースUSBIF4CW(写真左)とメモリ・キーヤーGK509A(写真右)

QRP入門ハンドブック | 45

写真2-5-14　World Wide WPX Contest（賞状は2014年電信，マルチバンドQRPのもの）
CQマガジン社（米国）主催．オールバンド・シングルバンドにQRP部門あり．2015年は5月30日～31日（UTC）に開催

写真2-5-15　7MHz逆Vダイポール・アンテナ
筆者が2012年の全市全郡コンテストに参加し，シングルオペ，電信電話，7MHz，P（5W以下）部門で第1位に入賞したときのもの

用の出番です．移動先を選べば，自宅のそれを上回るアンテナを上げることも可能になります．比較的手軽なのは，HFローバンドのシングルバンド参加です．3.5MHzや7MHzでフルサイズ逆Vダイポールが設置できればかなり良いアンテナでの参加になると思います（**写真2-5-15**参照）．

オンライン・インタビュー

QRPコンテストでご活躍中のOM諸氏にオンラインでインタビューしてみました．

【質問】

Q-1　アマチュア無線歴は？
Q-2　コンテストでの最近の主な戦績は？
Q-3　QRP参加の理由，楽しみは？
Q-4　使用リグ，アンテナは？
Q-5　有用な周辺機器は？
Q-6　QRPコンテストでのオペレートのこつは？
Q-7　これからQRPでコンテストに参加しようとする方に一言

● JJ1NYH　馬場　秀樹氏

A-1　1976年開局．1986年第1級総合無線通信士取

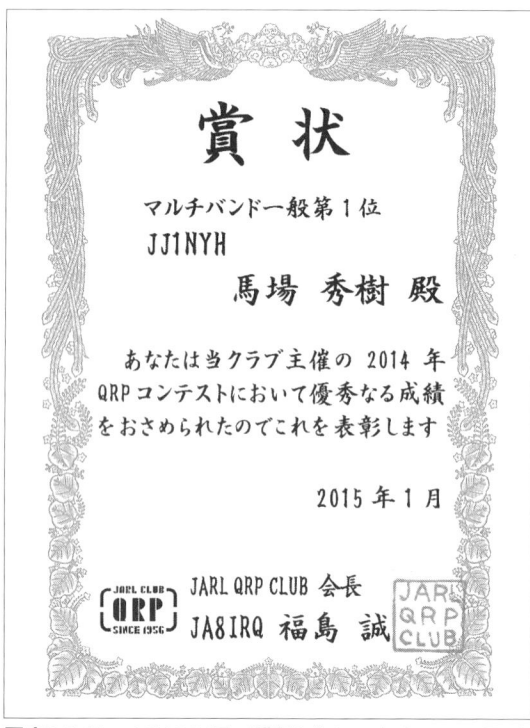

写真2-5-16　JJ1NYH局が獲得した2014年QRPコンテスト（JARL QRP CLUB主催）のマルチバンド一般第1位の賞状
参加資格はQRP局のみ．2015年は11月3日に開催

得，1990年EXTRA級取得．通常のコンテストに参加する一環として，QRPコンテスト

46　QRP入門ハンドブック

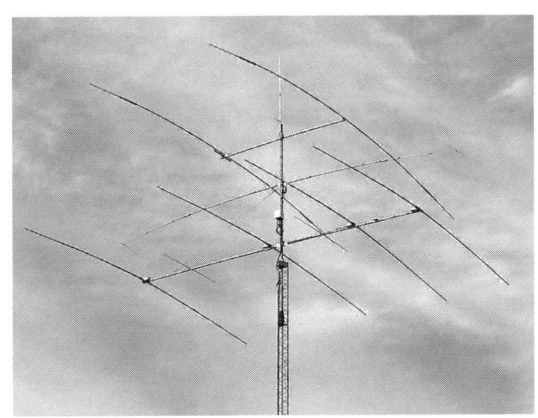

写真2-5-17 JJ1NYH局のアンテナ(2015年末現在. 2014年QRPコンテスト以降に一新したもの)

にも参加しています.

- **A-2** JARL QRP CLUB主催の2014年QRPコンテストのマルチバンド一般で優勝.
- **A-3** FT-817NDがあったから. このリグでどこまでできるかのチャレンジです.
- **A-4** リグは, FT-817ND. アンテナは, 1.9MHz：ハーフスローパー, 3.5MHzおよび7MHz：逆V, 14〜28MHz：クリエート318C, 50MHz：クリエートCL6DX(いずれも2014年QRPコンテスト当時).
- **A-5** パソコンはロギング, 重複確認に必須です.
- **A-6** 通常のコンテストと同じで, 聞こえる局とはすべて交信すべく注力することです.
- **A-7** 通常のコンテストと同じ感覚(気合い)で始めましょう.

● JR1UJX 松永 浩史氏

- **A-1** 1979年開局. 1986年からJA1ZLO(東京大学無線部)にてコンテストに参加. 2003年マンションへの転居を機にQRPへ転向.
- **A-2** ALL JAコンテストのXAP部門(電信電話, マルチバンド, QRP)で, 2011年から5年連続優勝. 6m AND DOWNコンテストのXP部門(電信電話, マルチバンド, QRP)で, 2010年から6年連続優勝. フィールドデーコンテストのXP部門で, 2011年から4年連続優勝. 全市全郡コンテストのXAP部門で, 2013年, 2014年の連続優勝です.
- **A-3** 不確実性, 意外性です.「意外とたくさん交信できる」という感動があります. 1コンテストで1,000交信超には恵まれた環境と出力が必須と思っていましたが, アパマン, QRPで1,000交信超を経験でき, 可能性の大きさを改めて感じました.
- **A-4** 常置場所のリグは, TS-590, IC-9100, IC-

写真2-5-18 JR1UJX局が獲得した2015年オールJAコンテスト(JARL主催)の電信電話部門, シングルオペ, オールバンド, 種目P(QRP)全国第1位の賞状
オールバンド, シングルバンドにそれぞれQRP部門あり. 2015年は4月25日〜26日に開催

QRP入門ハンドブック | 47

写真2-5-19　JR1UJX局が獲得した2014年6m and Downコンテスト（JARL主催）の電信電話部門，シングルオペ，QRP種目関東地方第1位の賞状．電信部門，電信電話部門の各オールバンドにQRP部門あり
2015年は7月4日〜5日に開催

910．アンテナは，HFローバンドではウィンドム＋ATUを，ハイバンドではダイポールを，使用時にベランダに仮設しています．

移動運用のリグは，FT-817．アンテナはZS6BKWがメインです．

常置場所のアンテナで最も重要なのはアースです．ベランダの鉄板製部分（1×5m）を活用し好結果を得ています．

A-5　ヘッドホン，マイク，パドルをワンタッチで切り替える自作のスイッチボックスです．SO2R（後述）で必須です．

A-6　QRPではCQを出してもあまり呼ばれず，呼び負けることも多く，待ち時間が多くなります．そのため，SO2R（Single Operator 2 Radios．一人で複数のリグを同時に使用すること）が有効です．

A-7　QRPは意外性に富んでおり，皆さんの無線ライフに良い刺激をもたらすと信じます．まずは今ある設備で本気で挑戦してみてください．そうすれば面白さが分かっていただけると思います．

QRPによるアワード・ハンティングの楽しみ

　アワード・ハンティングの楽しみが多岐にわたるように，QRPによるアワード・ハンティングの楽しみ方もさまざまです．

　一般にQRPでの交信は，出力が低い分だけQRO局よりも難易度が上がります．その分コンディションを選び，タイミングを見極め，アンテナの効率を上げるなどの工夫と努力を要します．そのため，より高い難易度のアワードを完成したいという理由でトライする局があります．また，QRP交信そのものへのこだわりの延長でQRPアワードにトライする局，QRPでのコンテストに力を入れている延長でQRPアワードに取り組んでいる局などさまざまと思われます．

　アワードの世界でQRPの位置付けを見てみると，（ア）通常のアワードの特記としてQRPやQRPpが認められているもの，（イ）QRPまたはQRPpによる運用局にのみ得られるアワード，（ウ）相手局がQRPまたはQRPp局であることを要求するアワード——などが存在します．

　日本のアワードの大半は（ア）です．JARLが

第2章　運用編

写真2-5-20　WAJA(アワードは7MHz SSB QRPp特記のもの)
JARL発行，日本国内の47都道府県の各1局と交信しQSLカードを得る．QRP・QRPp特記が可能

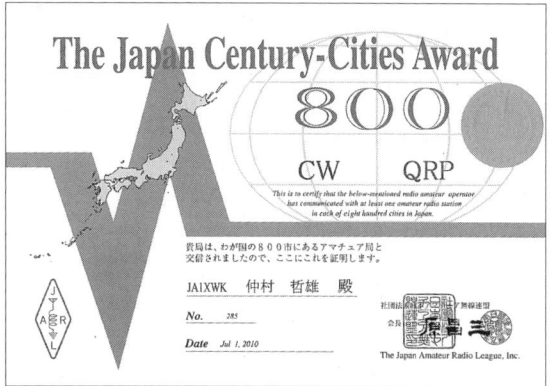

写真2-5-21　JCC-800(アワードはCW，QRP特記のもの)
JARL発行，日本国内の異なる800市の各1局と交信しQSLカードを得る．QRP・QRPp特記が可能．JCCは100～800まで100単位でアワードを発行

写真2-5-22　WAGA(アワードはCW，QRP特記のもの)
JARL発行，日本国内の全郡のアマチュア局と交信し，QSLカードを得る．QRP・QRPp特記が可能

発行するアワード，AJD，WAJA，JCC，JCG，WACA，WAGA，WAKUなどは，QRPまたはQRPp特記を付すことができるので，これに当たります．

（イ）および（ウ）はかなり少なく，JARL QRPクラブが発行しているQRP100局/WアワードのようにQRPであることが条件となっているものや，同クラブ発行のQRPアワードのようにQRP局と交信することで得られるものがあります．

QRPでのアワード・ハンティングの準備

◆ QSLカードの記載事項

QRPによるアワードの完成のためには，交信相手から受領したQSLカードに，自局の出力が5W以下のQRP局である旨の記載が必要になると思っておられる方がいます．

しかし，JARLのアワードルールでは当該交信がQRPによるものであること，つまり自局の出力が5W以下であることは自己申告で足り，QSLカードにその旨の記載は必要ないとされています．したがって出力が5W以下である旨やQRPである旨の記載がないQSLカードであっても，QRP特記のアワード申請に有効です．

その根拠は，JARLのアワード規程 第5条 第2項です．QSLカードに必要な記載事項を定めていますが，そこに列挙された事項に，相手局の送信出力についての記載がなく，そのため，相手局出力の記載がないQSLカードであっても，JARLのアワード申請に有効になると解釈されているからです(法律の世界では「反対解釈」といいます)．

そもそもQSLカードは交信証明です．仮に交信時に相手局が出力5Wだと言っていたとしても，

QRP入門ハンドブック　49

写真2-5-23 QRP100局/W賞(アワードは7MHz SSB QRPp 東京都特記のもの)
JARL QRPクラブ発行,QRP送信機を使用して,交信局数÷出力=100以上となる局と交信し,QSLカードを得る.送信出力の特記が可能

写真2-5-24 One Day AJD(アワードはCW,QRP特記のもの)
JARL姫路クラブ発行,0000〜2400JSTに日本の10のコールエリアと交信し,QSLカードを得る.QRP・QRPp特記が可能

写真2-5-25 秋田全市町村賞(アワードは7MHz, CW, QRP特記のもの)
JARL秋田県支部発行,秋田県内の全市町村のアマチュア局と交信し,QSLカードを得る

それが真実かどうかは発行局には分からないわけですから,発行局が相手局の出力を証明することは不可能です.こうした事情から,前記のようなアワード規程が定められているものと思われます.これはJARLのアワードルールに関するものですが,国内のアワードはJARLのアワードルールに準拠していることが多いので,そうしたアワードではQSLカードにQRPである旨の記載は不要ということになります.

◆ 運用時のコールサイン

基本的に前記のとおり,QSLカードにQRPとの記載は不要ですので,交信時にJE1NGI/QRPと自局のコールサイン末尾に「/QRP」を付加することは必要ありません.この点は各局のいわばポリシーに委ねられた問題だと思います.

写真2-5-26 痛QSLアワード（アワードはCW,QRP特記のもの）痛QSLアワード事務局発行，痛イラスト・萌イラストをデザイン題材とする痛QSLカード（萌QSLカード）を39枚得る．さまざまな特記が可能

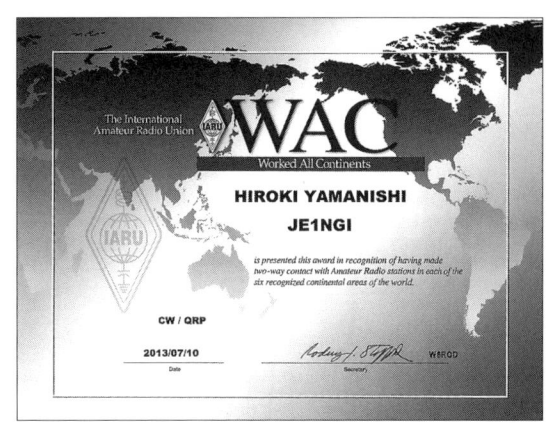

写真2-5-27 WAC（アワードはCW，QRP特記のもの）IARU発行，世界6大陸（アジア・ヨーロッパ・アフリカ・北アメリカ・南アメリカ・オセアニア）の各1局と交信し，QSLカードを得る．QRP特記が可能

ただ，パイルアップ時にQRP局を優先してくれる局が少なくないことなどから，経験上「/QRP」を付加した方がピックアップしてもらいやすいと感じることがあります．

◆ 出力の管理と記録の重要性

QSLカードの記載事項が前記のとおりであるため，QRPでのアワード・ハンティングを楽しむには，自分の出力をきちんと管理し，交信の都度，自分のログに正確に記録しておくことが不可欠です．そうしなければ，あとでどの交信がQRPか分からなくなり，アワード申請に支障が生じます．

筆者はロギング・ソフトとしてJG1MOU局作成のターボ・ハムログを使っていますが，5W以下

写真2-5-28 QRP DXCC
ARRL発行，QRPでDXCCのリストにある100エンティティーと交信する．QSLカードの取得は不要．DXCCのQRP特記ではなく，ルールが異なる別のアワード

QRP入門ハンドブック | 51

図2-5-1 ハムログへのデータ入力例
Remarks1には相手局の移動地関連情報(例では、相手局が和歌山県東牟婁郡串本町の道の駅25番「くしもと橋杭岩」に移動運用)などを，Remarks2には出力を含む自局の情報(例では，自局の移動地が東京都大田区，使用無線機がElecraft KX3で，出力がQRPp(0.5W以下))などを入力する

のときはRemarks欄にQRPを，0.5W以下のときはQRPpと1交信ずつ入力しています(**図2-5-1**)．QRPまたQRPpの文字で検索すれば，QRP交信のみ，QRPp交信のみを抽出できます(QRPはQRPpを含むので，QRPはP，QRPpはpといった文字を入力しておくと，QRP運用分を抽出するにはP＋pを検索する必要が生じうまくいかないことがあります)．

QRPによるアワードを目標に交信を増やす

アワード・ハンティングを行うためには，QRPでとにかくたくさん交信するのがいい方法です．

◆ アワード・サービスの移動局との交信

休日の7MHz，10MHzは，さまざまなアワード・ハンターへのサービスを意識した移動運用局がたくさん聞こえているので，これらの移動運用局をコールするのも一つの方法です．

移動サービス局は，短時間で多数の局と交信するため，コールサインとシグナルレポートの交換のみが通常であり，QRPでも交信チャンスが広がります．コールする局が比較的少ないタイミングを選ぶことも重要です．DXペディション局についても同様であり，終盤のコールする局が少なくなったときであればQRPでも交信のチャンスが広がります．

◆ コンテストへの参加

コンテストへの参加も有効です．参加局が多い

写真2-5-29　VCHアンテナ
筆者が新島に移動運用した際のもの．カメラ用三脚を使って自立させている

コンテストでは交信相手が多いうえ，コンテスト参加局はできるだけたくさんの局と交信して得点をアップしようと考えているので，弱い信号でも一生懸命ピックアップしてくれます．著名なDXコンテストでは巨大アンテナを持った局が多数参加してくるので，相手局のアンテナに助けられてQRPでも交信の可能性が高まります．コンテストにおいても，開始直後の混み合っている時間帯はQRPには厳しいときがあります．しかし，空いてきたときにコールすると交信しやすくなります．

◆ 移動運用の活用

アマチュア局の中には自らCQを出すことがほとんどなく，専らコールする側という局も少なくありません．こういう局と交信するためにはCQを出すのが有効です．しかし，常置場所でQRPで

CQを出してもなかなかコールしてもらえません．けれども，珍しい市区町村，離島などに移動運用すれば，交信のチャンスが広がります．QRPではそれほど交信できないと思われるかもしれませんが，VCHアンテナ(**写真2-5-29**)で5WのCWでCQを出しても十分コールしてもらえます．筆者は2014年8月に，伊豆七島の新島・式根島からVCHアンテナを用いて5WのCWで運用し，3日間で288局と交信できました．

オンライン・インタビュー

QRPによるアワード・ハンティングでご活躍中のOM諸氏にオンラインでインタビューしてみました．

【質問】

Q-1　アマチュア無線歴は？
Q-2　主な獲得アワード(QRP)は？
Q-3　QRPアワード・ハンティングの理由，楽しみは？
Q-4　使用リグ，アンテナは？
Q-5　有用な周辺機器は？
Q-6　QRPでのアワード・ハンティングのオペレートのこつは？
Q-7　これからQRPでアワード・ハンティングを始めようとする方に一言

● **JA1XWK　仲村　哲雄氏**

A-1　2016年で開局50年．1994年からQRPで運用．移動運用時によく呼んでくれるQRP局がいて小電力でもできるんだと感じたことがきっかけです．以後，QRP，CWにこだわっています．

A-2　WACA，WAGA，道の駅(全CW賞で，現在第1位の984駅獲得)，A YEAR 365(1年連続で毎日異なる局と交信してQSLを得る)．

A YEAR 365では，早朝から深夜まで出かける用事があるときは，小さなリグにホイップを持っていき，空いた時間にCQを出して交信しました．

A-3　QRP，CWで移動局を追っかけて，未交信を埋めているうちにアワードに結び付いてきます．WACA，WAGAが終わるとモノバンドでと欲が出てきます．

A-4　リグは，TS-2000(出力5Wに低減)です．アンテナは，7/14/21/28/50MHzの短縮DPと10/18/24MHzの短縮DPです．

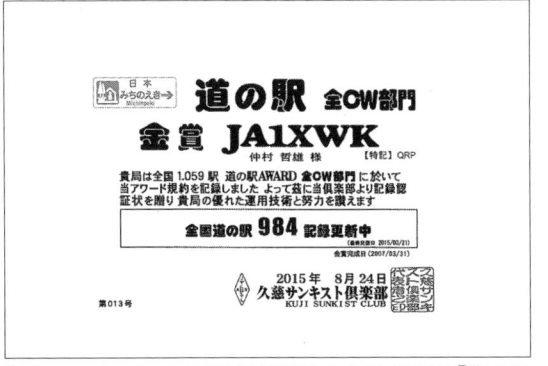

写真2-5-30　JA1XWK局が獲得したQRP特記の「道の駅アワード全CW部門」(久慈サンキスト無線倶楽部発行全国の道の駅984カ所と交信し，QSLカードを得る)

写真2-5-31　JA1XWK局が獲得したCW，QRP特記の「A YEAR 365 アワード」(久慈サンキスト無線倶楽部発行．連続365日すべて異なる局と交信し，QSLカードを得る)

A-5 USBIF4CWは定型文を送るのに有用で，拾ってもらえないパイルアップや空振りCQにも耐えられます．Turbo HAMLOGは，未交信がすぐに分かるので便利です．

A-6 時間を作ってはリグの前に座り交信を心掛けることですね．

A-7 まずは交信数を稼ぐことです．その結果，AJD, WAJA, JCC, WACA, WAGAが見えてくると思います．

● 7K1CPT 山田 清治氏

A-1 1990年開局．第1回 QRP記念局8J1VLPから毎回参加．QRPクラブコンテスト担当役員を担当．その後「QRPの里」の運営を行う．

A-2 2013年WAGA, 2014年WACA（各QRP, CW特記）．QRP DXCC（現在約230エンティティー）．

A-3 QRPでの交信を楽しむことの積み重ねがアワードにつながります．

A-4 最近は主にエレクラフトのリグを使っています．日本製とは設計の方向性と着眼点がちょっと違うところが面白いと思います．メインのアンテナはダイポールです．他にもいろいろなアンテナを作って楽しんでいます．

A-5 QRPではアンテナが重要です．調整は納得のいくまで行うことが飛ばすためのポイントだと思います（**写真2-5-33**）．

A-6 アワード目的で特にオペレートが変わるわけではなく，交信成立には，よく聞くこと，相手が送信している内容を理解し，受信するタイミングに合わせて送信することが大事です．交信したい局を見つけるにはワッチが一番大切です．

A-7 まずは交信を楽しむことを中心に考え，そ

写真2-5-32 7K1CPT局が獲得したCW，QRP特記のWACA（Worked All Cities Award. JARL発行．日本国内の全市のアマチュア局と交信し，QSLカードを得る）

写真2-5-33 7K1CPT局の移動運用風景
マルチバンドにQRVできるギボシ・ダイポールを展開している

の継続過程にアワードがあるという意識を持った方が長続きすると思います．送信電力を下げることは，自ら交信の可能性を狭め，それでも目標に向かって進んでいく過程を楽しむことができると思います．

*　　　　*　　　　*

なお，本稿中，コンテストおよびアワードのルールに関する記述は，2015年9月を基準に，コンテストについては直近のもの，アワードについてはその時点で把握できたものに基づいていますが，参加に当たっては必ず主催者・発行者が発表しているルールを確認するなどしてください．

(JE1NGI 山西 宏紀)

コラム1　高田さんのやらなかったこと

　本書の編集作業を行っていた最中の2月6日に，ミズホ通信の元社長のJA1AMH 高田継男さんが亡くなられたという情報が入りました．高田さんは私たちJARL QRPクラブの会員であり，またご自身のコールサインをもじったAM保存会というものを呼びかけておられました．

　高田さんは1934年生まれで国民学校（小学生）のころから工作が好きで，1954年にJA1AMHを開局，東京電機大学を卒業したあと菊水電波を経てトリオ（現JVCケンウッド）に入社され，9R-59やTX88Aなどの設計を担当しました．1971年にミズホ通信を設立してからはQP-7をはじめとするさまざまなキットを設計・販売し，またいろいろな雑誌の製作記事でアマチュア無線の愛好家たちを育てましたが，2012年にミズホ通信の事業を終了していました．

　私自身は，高田さんと直接お話しをしたことは一度しかないのですが，キットや著書を通じていろいろ教えられたことがあり，5月には有志4名とともに「JA1AMH 高田さんを送る会」を企画しました．送る会にはアマチュア無線家，出版関係者，ミズホ通信の元社員さんなど35人が集まり，高田さんを偲んで思い出を語りました．クラブのネット版の会報にはその様子が掲載されています．

　以下はそのときの私の「お別れの言葉」をまとめたものです．

　　　　　＊　　　＊　　　＊

　高田さんについての皆さんのお話しを聞いて，あらためて高田さんが経営者としてユニークな存在であったことがよく分かりました．これは高田さんがやらなかったことによく表れています．

　高田さんは，トリオに残ってTS-510やPLLのFMトランシーバを開発しませんでした．ユーザーが手を入れるところのない完成された製品ではなく，ユーザーにとって楽しいワクワクする経験を売ろうとしました．

　高田さんは「手間がかかる厄介なユーザー」を切り捨てませんでした．変わっていく時代やアマチュア気質に批判的になったり悲憤慷慨したりすることなく，あくまで自分が面白いと思うことを提案し続けました．会社を大きくすることやお金儲けを第一には考えていませんでした．

　高田さんはプロの経営者であるよりは，アマチュア無線家でもある技術者であったのでしょう．高田さんはQRPクラブの会員であり，ミズホのQRP無線機を通じてQRPの楽しさを広めることに大きく貢献されましたが，高田さんの生き方自体がQRP的でした．

　高田さんは愚直に頑固に過激に，その道を貫いた幸せな一生だったと思います．

　高田さんは，本質的には教育者であったのだろうと思います．モノを売ることではなく人を育てることを最大の喜びとしていたように思われます．

　そうやって高田さんに導かれて育った人たちが，アマチュア無線仲間にたくさんいることを知っています．高田さん，ありがとうございます．これからは，私たちがその志を少しずつ継いでいきたいと思います．

　どうぞ，安らかにお休みください．

（JA8IRQ 福島 誠）

在りし日のJA1AMH 高田 継男さん

第3章
技術編

3-1　旧版QRPハンドブックで紹介したキット再現にトライ

QRPと自作

　出力5W以下をQRPと定めていますが，自作でもやはりそのあたりに技術的な壁があるように感じます．HFの1～2Wは定番のトランジスタを終段に使えば出てきます．しかし放熱，歪みや回り込みを考えると5Wあたりに壁があるように思います．また真空管の増幅器でも6CL6，6BM8といった5極管，複合管をファイナルに使うと4Wあたりまでは出てきますが，その先に何か壁があるように感じます．

　他方，市販の無線機でQRP機というのはそんなに多くありません．"FT-817"や"KX3"のように

QRPのレンジで設計されているものを除けば，5W以下まで出力を絞ると不安定となったり，出力を絞っているのに消費電力はあまり変化がないというものもあります．また，山登りをしたりするときには便利な"FT-817"ですら重く感じるときがあります．そのようなわけで，技術的にも手が届くと思うと自分で作ってみたくなる領域です．

何を自作するか

　交信するとなると送信機・受信機のどちらも必要ですが，どちらが難しいのでしょうか？ 不要輻射や周波数ズレなどいろいろな問題があっても電波を出すだけなら何とかなりそうです．しかし

図3-1-1　ミズホ通信 QP-7の回路

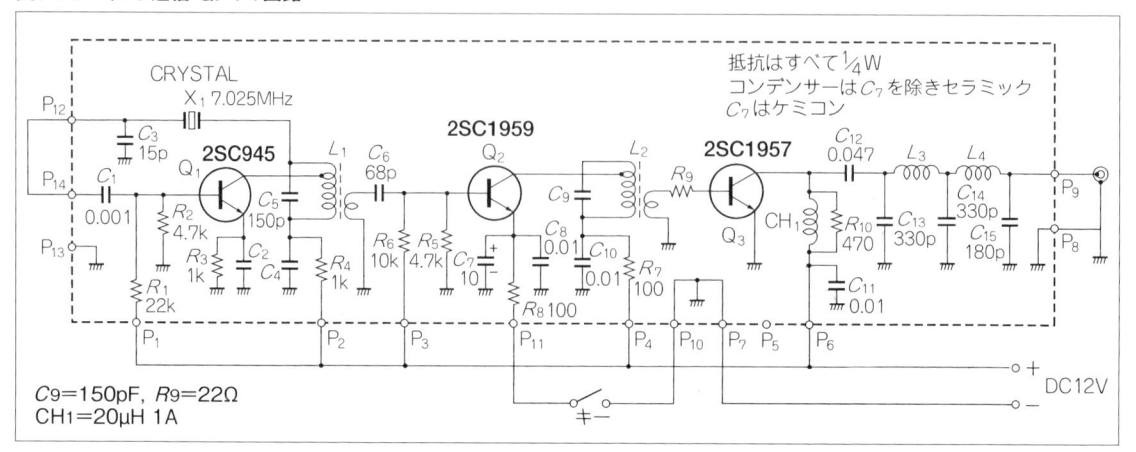

第3章　技術編

受信できなければ交信には至りません．受信には雑音やフェージング，混信などさまざまな問題があって，これらを解決していくと技術的に高度になり限りがありません．したがって私は自作に当たり，「受信機は市販品に頼る」ことにしています．素晴らしい受信性能の自作機を作りたいのですが，メーカー製のものに技術，コスト・パフォーマンス共にかないません．そのようなわけで，ここでは受信部に市販の「短波ラジオ」や「ラジオ＋クリコン」を活用することにしたいと思います．

昔の製作記事の部品は集まるか

1996年刊の旧版「QRPハンドブック」（CQ出版社）には初心者向け製作記事が紹介されていますが，これらの製作記事はいまでも再現できるのでしょうか？

キットではミズホ通信の"QP-7"（**図3-1-1**），FCZ研究所の50MHz AM 10mW送信機（**図3-1-2**）と50MHz AMポケトラ（**図3-1-3**）にページが割かれています．残念ながら，どちらの会社も今は営業活動をしておられません．現在もそうなのでしょうか？

調べると一部パーツの入手難があるようで，キャリブレーションのWebページで見る限りは「50MHz 10mW AM送信機」のみが販売されていました．また秋葉原のパーツ屋さんの店頭でも同様でした．するとこれらのキットはもう作ること

図3-1-2　50MHz AM 10mW送信機の回路

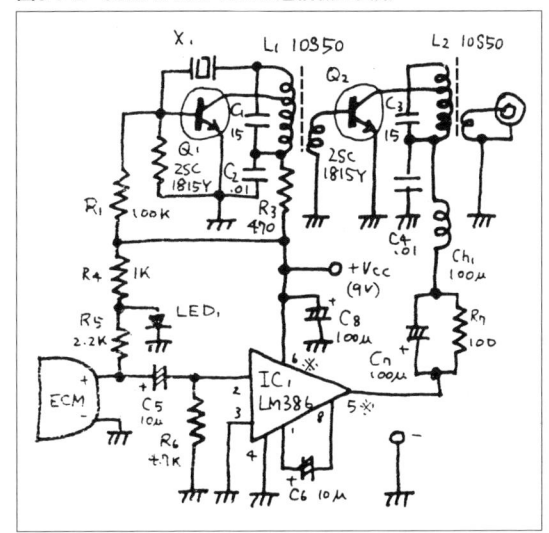

図3-1-3　50MHz AMポケトラの回路

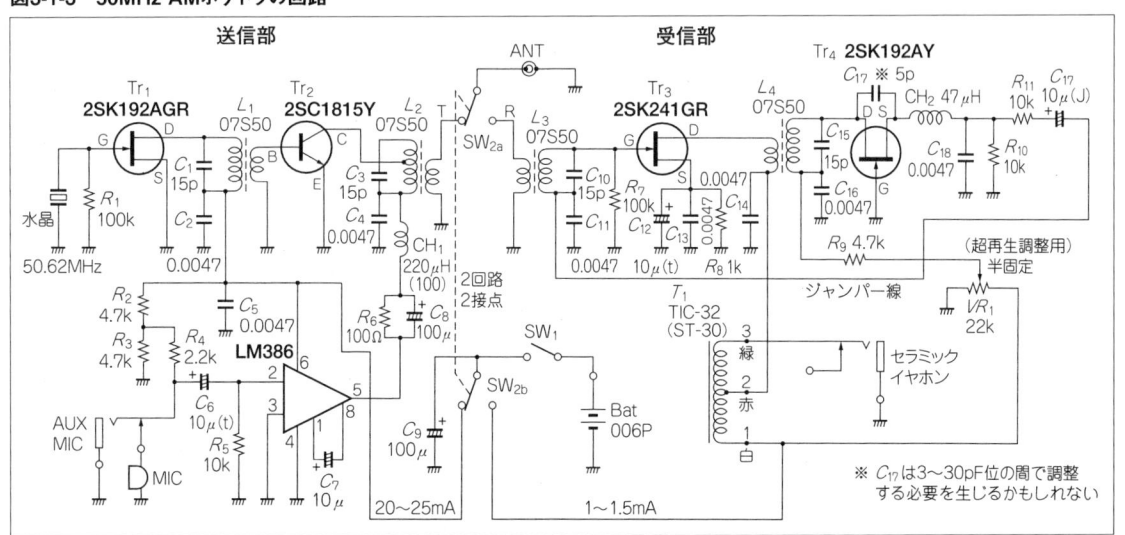

ができないのでしょうか？

　回路図が残っているので，簡単なものならユニバーサル基板での組み立てが可能です．しかし残念ながら，ポケトラだけは基板が手に入りませんので今回は断念することにしました．

使用する工具類

　組み立てには20Wくらいのはんだごてを使い，一つ一つ進めます．使用する工具類は，

- はんだごて，はんだ，ペースト
- ニッパ，ラジオペンチ
- コイルのコア調整用ドライバ
  （割り箸を削っても作ることができます）
- 紙やすり
- テスター
- 高周波電流を確認するためのRFプローブやQRPパワー計
- 周波数カウンタまたは7MHz，50MHz帯の聞ける受信機（ハンディ機のゼネカバ受信機能を利用）

などです．

再現に挑戦しました（QP-7）

　オリジナルの"QP-7"はピアースCB発振回路を採用しているので，7.000MHzの水晶を使うとそれよりも少し高い周波数で発振しそうです．QRPerが多く出ている周波数ですから7.003MHzあたりで発振してくれるとドンピシャです．この固定した水晶発振子の周波数近辺でしか運用しないのであればこれで十分でしょう．

　もし周波数を少し動かしたいというのであれば，オリジナルに少し改造を加えます．後述のように，ピアースCB発振回路からコルピッツ発振回路へ変更し，VXOに必要なコイルとPVC（ポリバリコン）を追加します．オリジナルのままでいいよという方はスキップしてください．

　改造しておくと，受信機と組み合わせてトランシーバとして使う際，受信の邪魔にならないよう周波数を少しずらしてやることも可能になります．

　さて，ミズホ通信の高田 継男 社長著『短波CW送信機の実験』（2007年 CQ出版社）に，"QP-7"に近い送信機の基板が付属していましたが，この基板はコルピッツ発振回路になっており，コイルとPVCを取り付けるとVXOになります（便利ですね）．その代わり7.000MHzの発振子では銘板周波数で発振するでしょうから，コイルを外してPVCだけで上方へ周波数を動かしてやるか，7.010MHzの水晶などをVXOで下方へ動かすなど，カット＆トライの必要があるでしょう．

　上述の改造にあたっては基板パターンの変更も

図3-1-4　"QP-7"オリジナル基板の一部変更

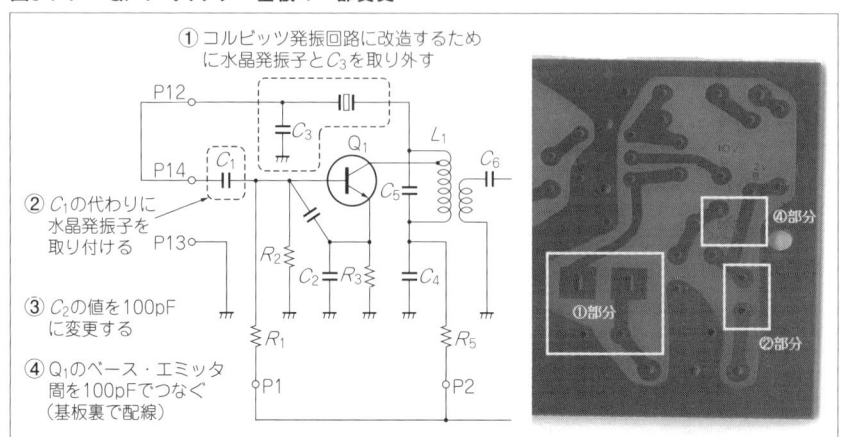

① コルピッツ発振回路に改造するために水晶発振子とC_3を取り外す
② C_1の代わりに水晶発振子を取り付ける
③ C_2の値を100pFに変更する
④ Q_1のベース・エミッタ間を100pFでつなぐ（基板裏で配線）

ジャンパ配線も必要ありませんが，**図3-1-4**に示すとおり部品の配置変更および基板裏面でのコンデンサ追加が必要です．もし水晶発振子と基板の穴の間隔が合わなければ穴を開け直してください．私の手持ち水晶発振子(HC-49/U型)はぴったり合いました．

【製作】

今回，いろいろとあって"QP-7"は3枚の基板を組み立てました．① QP-7基板(発振部改造)，② CQ ham radio 付録基板のもの，③ ジャノメ基板使用のオリジナル回路──です(**表3-1-1**).

①はできる限りオリジナルの指定部品を使いましたが，RFCだけはトロイダル・コアに巻きました．10回巻きし，7MHzでのインピーダンスが2kΩになっています．また終段は2SC1957が入手できたのでそのまま使用してみました．

②は先述の書籍の付録基板であり，本文に従って組み立てましたが，RFCは①と同じにしました．なお終段は③での実験の結果で決めることにします．

③は高周波ジャノメ基板に組んでみました．回路はオリジナルの"QP-7"を踏襲しています．発振段には手持ちの2SC2021Qを使用しました．また7.000MHzの水晶発振子を使用し7.003MHz付近で発振してくれました．終段トランジスタを差し替えられるようにピン・ソケットを取り付けています(**写真3-1-1**).

プリント基板を使用して作っているものは，で

写真3-1-1 ピン・ソケット装着部分

きる限りオリジナルの部品に近いものを使用することにします．

最初は発振段から組み立てますが，QRPパワー計を付けて確認すると3mW出てくることが分かりました．

発振回路が動作しないと送信機は動きません．目的の周波数で発振するか，ピーとかプツプツという音で分かる異常発振をしていないか，VXOしたものはちゃんと動いてくれるか，実際に電波を聴きながら確かめます(**写真3-1-2**).

①で発振部改造後は，ピンのP13とP14の間へ直列にコイルとPVCを入れると発振周波数を少し動かすことができるようになります．

7MHzの水晶発振子はVXO化してもあまり動きません．実際にPVCだけを使ったところ6.998～7.0015MHzの間でしか動いてくれませんでした(**写真3-1-3**).アマチュアバンド内に収まるようにしたいのと，変化量ももう少し大きく取りたい

表3-1-1 三枚の基板の差異

	基板の種類	水晶発振子(MHz)	発振回路	周波数可変	段数	終段管	備考
①	QP-7基板(発振部改造)	7.010	コルピッツ	VXO	3ステージ	2SC1957	VXO化
②	CQ ham radioの付録基板	7.200×2	コルピッツ	VXO	4ステージ	2SC5610	7MHz AM送信機
③	ジャノメ基板使用オリジナル回路	7.000	ピアースCB	固定	3ステージ	2SC2078	終段管差替え可

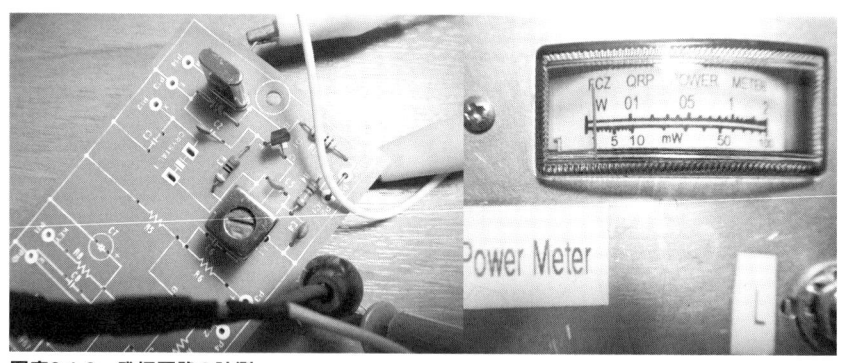

写真3-1-2 発振回路の計測

写真3-1-3 受信機の表示画面

ので，水晶発振子をパラにしてスーパーVXO化します．手元には7.010MHzの水晶発振子が2個あったのでこれを使いました．

トライした結果，VXOコイルを33μHとして7.005～7.010MHzの間で動かすことができました．①～③のいずれも奇麗に発振していることが確認できました．

発振段がうまくいったら緩衝増幅段を組み立てます．回路図と比較しながら部品を基板に差し込み，はんだ付けを行っていきますが，ここでも確認はブロックごとに行います(**写真3-1-4**)．緩衝増幅段のところで70mWが出てきました．コイルのコアは，調整する際にそれぞれ出力が最大値となるよう合わせていきますが，次段の回路を新しく組み立てるたび，前段から調整する必要があります．

さて，③では手持ちトランジスタの中から2SC2078/2SC5610/2SC2314/2SC3412を差して試してみました．2SC2078はおなじみのCB機終段用のトランジスタ，2SC5610はDCコンバータ用，2SC2314はCB機の励振増幅段用，2SC3421はオーディオ・パワー・アンプ用です．

まず2SC2078を装着し，発振段と緩衝増幅段のコイルのコアをもう一度調整して最大の出力が得られるようにしました．要領はこれまでと同じです．LPFの手前で2W超の出力があることが確認できました．さすがによく使われている石です．次に2SC5610/2SC2314を挿したところ，ほぼ同じで，2SC3421のみ2Wをやや下回る値でした．2SC5610は1個数十円の石でしたので，何かとても得したような気分です．とりあえずこの結果を基に，②ではこのトランジスタを使ってみることにします．

"QP-7"をCWで運用するならばLPFを取り付け

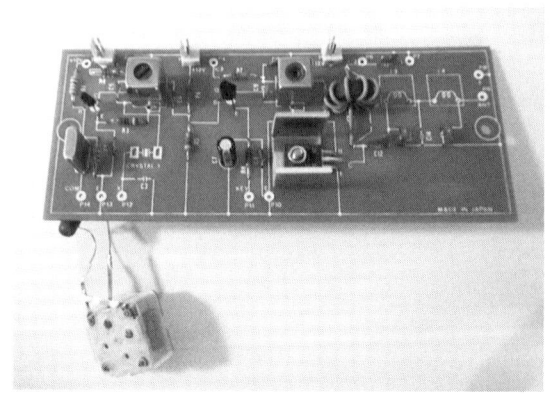

写真3-1-4 製作途中の基板

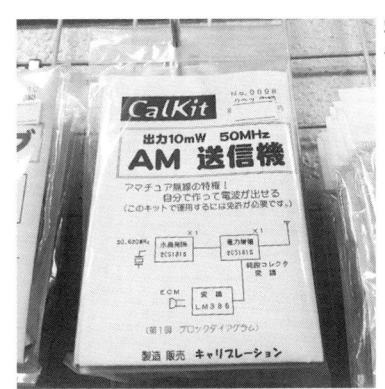

第3章　技術編

写真3-1-5　キット健在

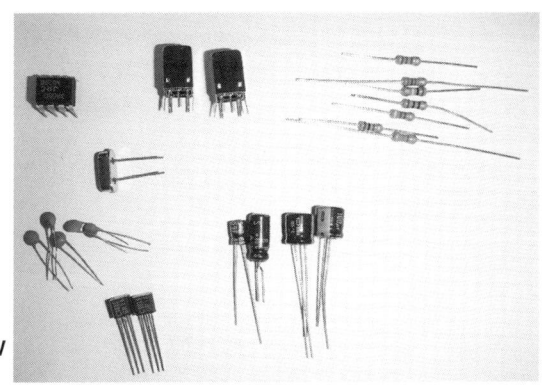

写真3-1-6　50MHz 10mW AM送信機の部品

て完成です．π型2段のLPFは「トロイダル・コア活用百科」の310ページを参考に作ります．QRPですのであまり大きなコアは使いませんでした．

- T37#6　2個
- 470pFセラミック・コンデンサ（表示471）　2個
- 1000pFセラミック・コンデンサ（表示102）　1個

　LPFを取り付けて出力は2W弱となりました．これで送信機基板は完成です．

　なお，オリジナルでは緩衝増幅段のエミッタでキーイングしていますが，これをトランジスタ・スイッチに置き換えます．これは後々，電鍵ではなくPCからの操作を考えてのことです（私，打鍵不得意です…）．

再現に挑戦しました
（50MHz 10mW AM送信機）

　執筆時，こちらはキットとして購入することが可能でした（**写真3-1-5**，**写真3-1-6**）．

　コイル以外ほとんど汎用の部品ばかりなので，今回の試作では自分で集めてみました．FET/トランジスタともに今でも入手できるものです．

　コイルはFCZコイルが指定されていましたが，「サトー電気オリジナル7mm角可変コイル」を使うことにします．同調用のコンデンサの値も同じ15pFです．実際には，自分の部品箱を探せばほ

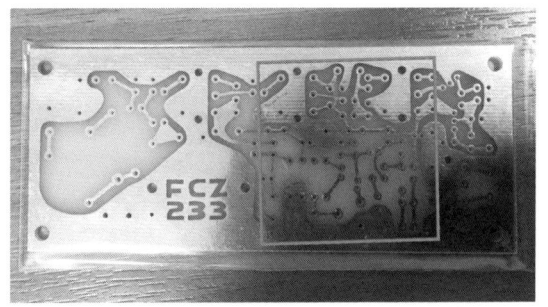

写真3-1-7　囲んだ部分が万能50MHz AM送信機基板

とんどの部品がそろう方もいらっしゃるのではないのでしょうか．

　また「万能50MHz AM送信機基板」を使えば**写真3-1-7**に示す「囲み」の部分を利用して組み上げることも可能です．

　余談ですが，この万能基板をフルに使って送信機を組むと，昔「ラジオの製作」誌に掲載されたRS-501の発展・後継機になるようです．私は中学生のときにこのRS-501の記事を見て憧れましたが，田舎の電気屋さんには50.490MHz（50ポイントCQ）の水晶発振子がなくてあきらめた記憶があります．のちに6m AMの運用が50.500MHz以上になって，50.620MHzがQRP周波数として定着したのもこうしたキットがあったおかげだと思います．

　この10mW送信機は変調トランスを用いず，AFアンプLM386の出力を電解コンデンサと抵

抗，チョーク・コイルを介して終段トランジスタのコレクタへ供給することで奇麗な変調のかかる「FCZ方式」が使われています．

部品も多くないので，高周波用のユニバーサル基板でも回路図と比較しながら組み立てていくことができます．

"QP-7"のときと同じように，まず発振段のみを組み立て，ちゃんと目的の周波数で発振するかを確認します．ピアースCB発振回路ですので水晶発振子の表示周波数よりも少し高いところで発振しているようです．周波数カウンタでは50.622MHzとの表示でした．AMですので，まあこれでよしとしました．

この送信機は2ステージで終段に変調をかけていますから，まず終段増幅部まで組み立て，CH1 100μHのところへは006P電池で9Vを印加し，RF出力をチェックします．20mW出てくることが確認できました．

さて変調器ですが，コンデンサ・マイク（ECM）とLM386によるAFアンプです．これも回路図に従って組み立てます．386のアンプはもう何回組み立てたことでしょうか…．

LEDで定電圧を作り出す部分はよくできていま す．パイロット・ランプにもなりますね．

念のためAFアンプを組み立てた後，電池をつなぎ，出力には小型のスピーカをつないで，ちゃんとマイクとアンプが動作することを確認します．自分の声が増幅されて出てきてOKになりました．これを抵抗・電解コンデンサを介して終段コイルにつなぎます（**写真3-1-8**）．

なお，電源供給はピン端子を立てています（**写真3-1-9**）．これは電池の着脱を簡単にするためで，修理の際に便利です．

出力をQRPパワー計につないで電池を接続します．AMですからキャリアが出てきます．キャリアが最大になるように調整してやると5mWが出てきました．先ほどの変調器をつないでいないときと比べると，出力は小さくなり，傍らに受信機を置いてやると信号が確認でき，マイクに向かって何かしゃべると受信機から自分の声が聞こえてきます．ここまでくれば一安心です．

しかし，音声が入ると出力が減るマイナス変調になっていることもあります．この際は最大に調節した出力を減らし，発振段・終段のコイルを交互に調整しながら音声が入ったときにプラスに振れるように調整し直します．先ほどに比べるとピ

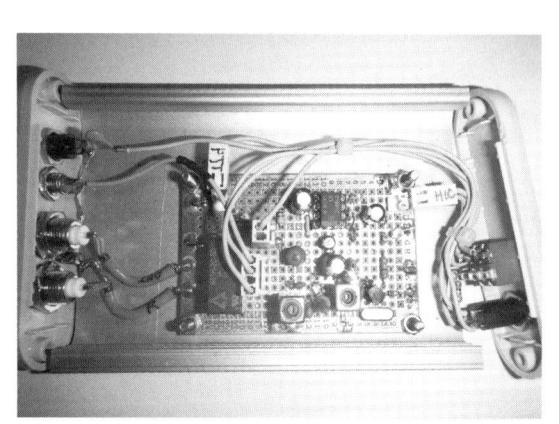

写真3-1-8　50MHz 10mW AM送信機の組み立て済み基板

写真3-1-9　ピンの使用例

第3章　技術編

ーク出力は10mWになりました．出力は減りましたが受信機から聞こえる声ははっきりと聞こえるようになりました．あまり音量を上げるとハウリングを起こします．

念のため，受信機で発振周波数の上下をスイープしてみて変なところに出力が出ていないか確かめます．幸い何も聞こえてきませんでした．マイクに向かってあまり大きい声でしゃべるとメータの針は派手に振れますが，過変調になり受信音はガサガサとします．

終段からの出力にはT型のフィルタ(**図3-1-5**)を入れました．

必要なLCの値は，

- L(単位μH)$= Q \times Z/(2\pi f)$
- C(単位pF)$= 1/(\pi \times Q \times Z_o) \times 10^6$

　fはカットオフ周波数(単位MHz)

　$Q = 3 \sim 10$(フィルタのQ)

図3-1-5　T型フィルタ

写真3-1-10　7MHz AM QRPp機の基板アップ写真

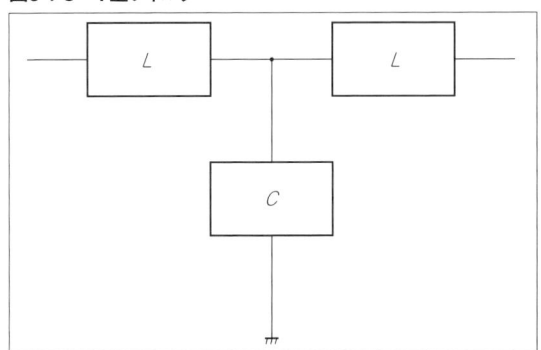

Z_o(単位Ω)＝インピーダンス

として計算することができます．$f = 50$MHz，$Q = 5$，$Z_o = 50\Omega$で計算すると$L = 0.8\mu$H，$C = 26$pFとなります．Cは30pFのトリマ・コンデンサを用い，Lにはアミドンのトロイダル・コアT37#6を使うと16回巻きで近い値が得られます．

この10mW AM送信機の回路はコイルと同調用のコンデンサ，水晶発振子，LPFを取り替えると，7MHzでもそのままうまく働いてくれます．また，周波数が低いと出力も少し増えます．発振回路だけコルピッツに変えてVXOにしてやると7.200MHzの発振子で7.195MHzに出ることができるようになりました(**写真3-1-10**)．　(JG1SMD　石川　英正)

【引用・参考文献】
- 高田 継男：短波CW送信機の実験，2007年，CQ出版社．
- JARL QRPクラブ：QRPハンドブック，1996年，CQ出版社．
- キャリブレーション"QP-7"，取扱説明書．
- 山村 英穂：トロイダル・コア活用百科，1983年，CQ出版社．

3-2 現在入手可能な国産キットを組み立てる

(注)キャリブレーションは，本稿執筆時（2015年12月）にはキットを提供しておられましたが，残念ながら2016年6月25日をもって提供を終了した旨，ホームページで告知しておられます．

アマチュア無線機器キット

前セクションでは，20年前に出版された旧版の「QRPハンドブック」で取り上げていたキットが今でも再現可能かどうか試してみました．QRPは半導体部品で作るのに手ごろで，「必要な機能を必要なだけ作り込みたい」自作にはもってこいだと思います．ベタ基板やジャノメ基板で作ることもできますが，やはりプリント基板があると製作に要する時間が短くなり，性能も安定します．

ところで，20年前に比べるとアマチュア無線人口の減った日本で，現在入手できるアマチュア無線用送受信機のキットはどのくらいあるのでしょうか．

DDSやSDRなどこの20年間に出現した新しい技術があるものの，割と簡単に製作にかかれそうなものを探していったところ，以下のようなものが見つかりました．もちろんキットには米国Elecraft社"K-2"のような本格的なHFトランシーバもありますが，ここでは対象から外して考えました．

◆ キャリブレーション

（2016年6月25日でキット提供終了）

"QP-7"，"QP-21"，50MHz 10mW AM送信機，50MHzオールインワン送信機，50MHz DSB QRPpトランシーバ"ポケロク"，50MHzスポットAM受信機など．

◆ マルツエレック

7MHz CW QRP送信機 "AYU-40"．

◆ CYTEC

復刻版熊本シティースタンダードSSB基板キット，50MHz DSBトランシーバ"HAYABUSA6"，7MHz SSB/CW受信機"Planet40"，PSN方式SSBジェネレータなど．

◆ 貴田電子設計

7MHz SSB送信機，7/10MHz CWトランシーバ，10/14MHz CWトランシーバ，3.5MHz受信機，7MHz受信機，7MHz AM送信機など．

◆ 福島無線通信機

50MHz SSBトランシーバ・キット，50MHz AM 1Wトランシーバ・キットなど．

◆ 中国製キット

7MHz SSB "KN-Q7A"など

この他にも海外のサイトから通販で購入できるものがいろいろとヒットしますが，米国のSmall Wonder Labが2013年で業務を終了したことが残念です．

国内で入手可能なキットはこの他にもあると思いますが，トランシーバになっているもの，外付けのVFOが不要なもの，コンパクトにまとまったものと考えていくと，案外ありません．

その中でフォーンに出られるものを探していくと，キャリブレーションの"ポケロク"とCYTECの"HAYABUSA6"，中国製キットの"KN-Q7A"くらいです．

中国製キット"KN-Q7A"は改良・改造をしておられる方のホームページが多く，興味を引かれましたが，今回はこの中から"ポケロク"を組み立て

第3章　技術編

てみることにしました．50MHzにしたのは，アンテナの大きさが持ち運ぶのに楽だからです．

早速"ポケロク"を購入

これはQRPクラブ会員のJF1RNR 今井OMが設計されたキット（**写真3-2-1**，**図3-2-1**）で，TA7358を使用した50MHz DSB（抑圧搬送波・両側波帯）トランシーバです．20mWと出力が小さいのですが，実は終段が2SK241の1石です．この後に1～2段追加すれば1W出力も可能でしょう．

回路図を見る限り，水晶発振子やコイルを入れ替えることで他のバンドにも転用することができそうです．回路図を見ているといろいろと夢が湧いてきて楽しいキットです．

私は秋葉原のパーツ屋さんの店頭で購入しました．

穴あきプリント基板，部品，つまみ，ケースなどがコンパクトにそろい，部品集めの苦労がないのはとてもありがたいことです．出力10～20mWとはいえ50MHzですから，付属のプラスチック・ケースではボディ・エフェクトが予想されます．したがって組み上がって調整が終了したら，金属ケースに収めることを考えたいと思います．

"ポケロク"を組み立ててみた

部品不足の有無をまずチェックします．私の購入したものに不足はありませんでした．

写真3-2-1　ポケロク・キット

図3-2-1　ポケロク・キットのブロック・ダイヤグラム

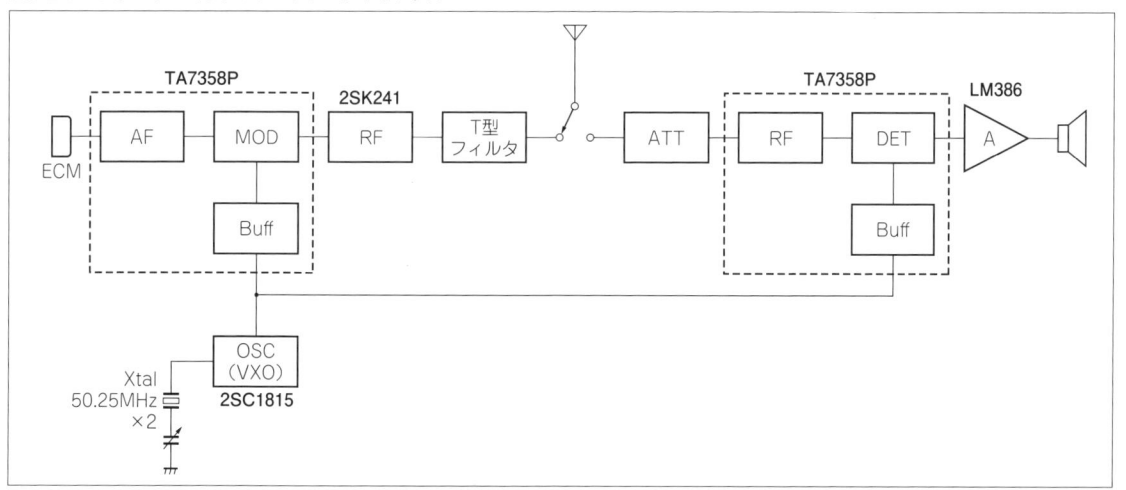

写真3-2-2　ポケロク発振部の組み立て

そして発振回路から組み立てます(**写真3-2-2**)．送信機も受信機もここが心臓部です．コイルにはサトー電気のオリジナル・コイルが使われていました．

電池をつなぐ前に，はんだ付けの誤りやブリッジ，半導体の極性の間違いがないかを確認します．

このキットはコイルのないVXOを使用していて，

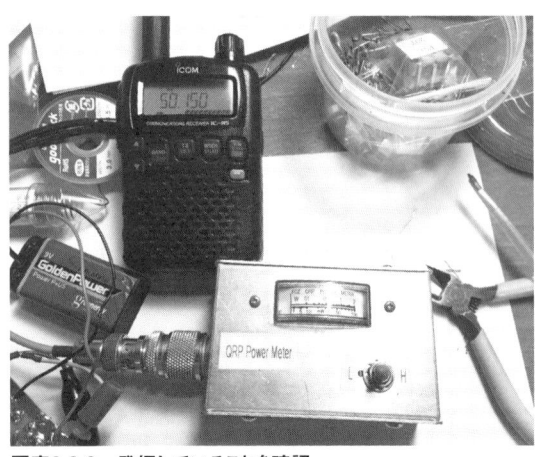

写真3-2-3　発振していることを確認

写真3-2-4　DBMまで組み立てたようす

水晶発振子だけで動作させたときには，銘板周波数50.200MHzよりも50kHz低いところで発振しました(**写真3-2-3**)．あまり可変範囲は広くなく，50.160～50.180MHzの20kHzになりました．できれば，ここはあとから改造したいところです．50MHz SSBの局は50.150～50.250MHzあたりに出ていますので，もう少し広く取りたくなるわけです．

この段階では，QRPパワー計をつないでも針はほとんど振れません．せいぜい2～3mWというところです．しかし，そばに置いたゼネカバ受信機では強い信号を確認できました．Sメータのバーが振り切れています．

ECM(コンデンサ・マイク)，TA7358を使用したDBM(二重平衡変調器)部を組み立て，DSB波が出てくることを受信機でも確認できました(**写真3-2-4**)．

AMしか受信できない受信機では「モガモガ」言

第3章　技術編

写真3-2-5　DBMと終段増幅器の組み立て

写真3-2-6　キャリア漏れを確認

って聞こえますが，USBモードで聞くとはっきりと復調することができます．ECMから音声を入れて，発振回路からDBMの出力，終段出力へと4カ所のコイルを順次調整し，最大の出力が得られるようにします（**写真3-2-5**）．7mmのコアのトップにある調整用のくぼみは小さく弱いので，割ってしまわないように気を付けます．調整用のセラミック・ドライバで操作していましたが，不注意にも一つ割ってしまい，なんとかコアを抜いて逆に差し込み事なきを得ました．ねじ付きコアの逆側にもくぼみが付いています．ピークの出力は15mWくらいになりました．説明書には10〜20mWと書いてあるので納得です．

このように書くとあたかもすんなり成功したように思われるかもしれませんが，実はうっかりミスもしています．終段である2SK241のドレインには終段コイルを介して+9Vを供給していますが，その手前に100μHのチョークが入っています．回路図を見て組み立てていれば間違うはずのないことなのですが，うっかり実体配線図だけで組み立てに専念し，コイルの代わりに100μFの電解コンデンサを入れていました．実体配線図には

電解コンデンサのマイナス側が分かるように書いてあるので間違えようもないのですが，うっかりしていました．

当然，ほとんど電流が流れないので出力はわずかしか出てきません．DSB波をハンディ受信機で確認できるのですが，パワー計が振れないので，しばらく「？？？」で，はんだ付け不良箇所を探したり，回路図と比較して間違いを探すことになりました．思い返せば，この100μFを取り付けるのに1個足らず，自分の部品箱から出して取り付けていたのですから，実にうかつな話でした．

手直しを済ませ，やっと説明書どおりの出力が出るようになりました．ここまでゆっくり作りましたが，2時間ほど，手を入れてみたくなったのは，① PTT運用，② キャリア抜き，③ VXOの可変範囲 ——でしょうか．

②は実際に無入力時でもQRPパワー計の針がやや振れていて，キャリア漏れがあるようです（**写真3-2-6**）．微弱ですが，パワーを最大にとれるようにするためにはキャリア・バランスをとってやることにします．

さて，送信部は一段落しましたので，次は受信

QRP入門ハンドブック　67

部の組み立てです．簡単な構成の回路なので，まずLM386のAFアンプを組み立てて動作確認をします．何か低周波信号を入れ，LM386の出力に小型スピーカを接続して増幅していることを確認します．ここでは発振などなく，うまく動作していることが確認できました．

さらに回路図と実体配線図を見ながら組み立てていきますが，コンデンサの足の幅と基板の挿入穴の幅が一致しないので，リード線をうまく曲げて余分な力がパーツ本体にかからないようにしながら，はんだ付けを進めます．受信部だけなら30分もかからずに組み立てることができるでしょう（**写真3-2-7**）．

T型フィルタ以外，基板の配線が終わりました．なお，私はメインテナンスのしやすさを保つため，＋R／＋T／＋Bなどの電源やマイクを接続する部分はリード線直付けではなく，コネクタを使っています．**写真3-2-7**では2Pの白いプラスチック端子が写っていることと思います．私はほとんどの自作基板でこのような端子を取り付けて，ケースから取り外しやすくしています．自作基板は一度組み立ててもメインテナンスが必要になることがあるので，このようにしておくと便利です．

写真3-2-7　送信フィルタ以外完成のようす

受信部の動作確認の前に，もう一度はんだ付けのミスや極性のあるパーツの取り付けミスの有無を確認します．すべてOKであれば，いよいよ電池をつないで動作確認です．

AF出力にイヤホンをつなぎ，受信部に電池をつないでやると，無事に"サー"という雑音が聞こえてきました．一安心です．

あとは適当なビニル線をアンテナ代わりにつないで，横でダミーロードをつなげた"FT-817"（出力は最小に絞る）を送信状態にしてやり，自分の声が確認できるかチェックし，RF段のコイルのコアを回して最大感度になるようにします．

また，外部アンテナにつないで実際の交信を聞いて試してみてもよいでしょう．休日の昼間ならばラグチューやCQを出している局の信号を捉えられると思います．それらを聞きながら最もクリアに聞こえるようにコアを調整してやります．コアの調整箇所は2カ所しかありません．

最後に終段増幅部の後につなぐT型フィルタを組み立て，出力が最大になるようにフィルタのトリマ・コンデンサを回して調整します．当初はこのT型フィルタではなくπ型のLPFにしようかと思ったのですが，このT型フィルタを組み立て調整してやると30mWも出てきて，キャリア漏れも心なしか減ったように感じました．「インピーダンス整合」をしているのでしょう．

さて，これで送信部・受信部が完成しました．DSB 30mWというのはUSB成分だけだとその半分，微弱な信号です．でも実際の交信をするのには許可が必要です．

それまでの間，休みの日にアンテナをつないで交信の模様を受信してみました．土日の関東エリアであれば結構な数の交信が聞こえます．AGCが

第3章　技術編

かかっていませんので強い局の信号は強く，弱い信号の局はか細く聞こえます．また，ダイレクト・コンバージョンなので強力な局が出てくるとバンド中どこを回してもバックグラウンドに同じ局が聞こえてしまうようなことになりますが，これは回路構成上仕方のないことです．これを解決しようとすれば，シングル・スーパーにして中間周波数にフィルタを入れたりする必要があり，回路も複雑になります．

使いやすくするための改造・付加回路

キットはもともと20mWのQRPp送信機なので送受切り替えにトグル・スイッチが使われていますが，QRPpといえども運用が楽になるよう，まずはPTT（プッシュ・トゥ・トーク）でオペレートできるようにしたいと思います．

PTTでは回路への電源供給の切り替え，アンテナ接続の切り替えをリレーとトランジスタ・スイッチで実現します．具体的には**図3-2-2**に示すような回路を作り込みます．QRPpですが，ここはパーツ箱に眠っていたオムロンの高周波リレーを使うことにしました（**写真3-2-8**）．

キャリア抜きについては，ポケロク設計者であるJF1RNR 今井OMがブログの中で「DSB変調のキャリアを抜く方法」として公開しておられます

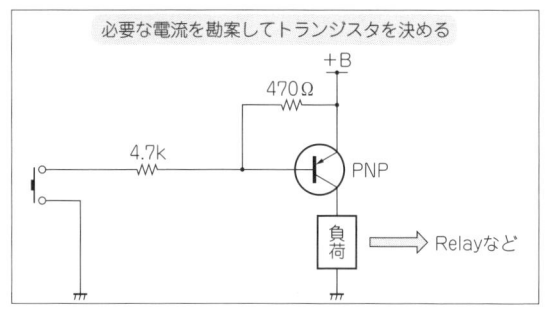

写真3-2-8　ポケロクPTT回路部分

のでこれを参考にします．

本機プリント基板にはパターンの遊びがないため，パターン面に100kΩの半固定抵抗を取り付けました．はんだでパターンをブリッジしていないかなどを確認後，電池をつないで送信状態にし，出力に漏れ出てきているキャリアが最小になるよう半固定抵抗を調整します．QRPパワー計では検知できなくなりました．

さてVXOの可変範囲ですが，オリジナルの水晶発振子は50.200MHzですので，これよりも高い50.250MHzの発振子に換装し銘板周波数より下方（低い周波数）に可変できるVXOにします．Lには7MHz用のモノコイルを使用しました．これで50.235～50.175MHzの間に出られるようになりました．0.1%くらいしか可変していませんので，QRHや異常な発振は認められませんでした．

キット付属のケースはプラスチック製で加工が容易ですが，ボディ・エフェクトが気になるところです．そこで金属ケースに入れてやることにしました．

基板の大きさや作り込む追加の回路を勘案しながらケースを選びます．私は小さめのタカチ

図3-2-2　PTTの回路

QRP入門ハンドブック | 69

写真3-2-9 ポケロクを金属ケースに収める

"YM-130"にしました．穴あけ加工をして基板を取り付け，やっと完成です．送信状態を示すことができるように2色のLEDを取り付け，送信時は赤，受信時は緑が点灯するようにしました．これでPTTスイッチを押すたびに軽いリレー音とともにパイロット・ランプの色が変わります．

ここらあたりまで来ると，自分のトランシーバらしくなってきます．これで30mWのDSBトランシーバがケースに入りました（**写真3-2-9**）．

QRPpだとどのくらい飛ぶのでしょう？

過去に作った自作機の経験では，100mWあるとアンテナやロケーション次第で200kmくらいの距離での交信ができました．

自宅から20分ほど離れた利根川の河川敷に2エレ・デルタループ・アンテナを設置して群馬県前橋市の移動局（地図ソフトで測った直線距離は172km）と交信することができていますので，まずまずではないでしょうか．同じく過去の体験から，10mWで成田市と横浜市の間で交信ができました．アンテナは10階建のビルの屋上に設置した2エレHB9CVです．シグナルレポートは53でしたが，これもまずまずの結果ではないでしょうか．

もし5WのSSBトランシーバがあれば，100kmや200kmの交信は特筆するようなものではないかもしれません．でもQRP自作機で電波を出し，それにコールバックがあったときには「ガッツポーズ」です．

"ポケロク"による実際の運用

そうこうして1カ月もたつと変更申請がOKになりました．そこで完成したセットを持って伊豆大島へ出かけました．アンテナは前述の2エレ・デルタループ・アンテナです．

4.5mのアルミ・ポールの上に設置し"ポケロク"と接続，電源を入れると早速交信が飛び込んできました．富士山5合目に移動している局の交信です．交信が終了し30mW出力のままコールすると一発でコールバックがありました．コールする前にはちゃんと相手にゼロインしていることを確認してからコールします．

特に濁った音がするなどヘンなようすはないようで，一安心でした．こちらには59，相手局からは52のレポートをいただきました．その後，他の局も呼んでみました．相手局の信号が強く競合していなければだいたい一発でコールバックがあります．

しかしさすがにQRPpですので，他に呼ぶ方がいると呼び負けしてしまいます．QRPですと，まあこんなことは普段から経験していますので，気にはしません．

さらにもう少し改造してみる

実は今回の変更申請にはオリジナルの"ポケロ

"をパワーアップするための自作リニア・アンプを追加してあります．

パーツ箱の中を探したら2SC1970が出てきました．これも高周波電力増幅用の定番トランジスタです．

当初はポケロクに終段を追加し200mW機くらいにしようかとも考えたのですが，オリジナルQRPpキットに敬意を表し，YM-130のシャーシにはPTT化した単体だけにしました．したがってリニア・アンプは外付けです．結局入力30mW（中にATTを入れています）で600mWが出てきました．こうしてやると，このアンプは50MHz 10mW AM送信機などにも利用できそうです．

運用するための電源

今回はリレーを使ったPTT回路を組み込んでいるので，消費電力の点で006P電池1個というわけにもいかなくなります．マンガン電池では少し運用していると出力電圧が落ちてきてしまうのです．

秋葉原のお店をいろいろと見ていると，ジャンクのNiMH電池（2000mAhくらい）が安価に売られていたので，これを使って運用するようにしました．重さも気になりません．他の効率の良い電池を使用してもよいと思います．

アンテナはハムフェアで購入したデルタループが気に入っていますが，釣り竿ケースに入れて持ち運びしており，運搬と設営に少しだけ手間がかかります．それでもQRPですからフルサイズのアンテナを使用したいもの．そこで考えたのが伸縮できる1.5mロッド・アンテナと竹製の釣り竿を使用した，お手軽ロータリー・ダイポール・アンテナと，ビニル線をエレメントにしたダイポール・アンテナです（**図3-2-3**）．どちらもリュックサックに入れて持ち運びができて便利です．

Esシーズンになれば日本全国との交信ができるかもしれません．残念ながらダイレクト・コンバージョンのため混信には弱いのですが，そのあたりのストレスは自作機で交信している楽しさで十分カバーできることでしょう．5月になるのが楽しみです．

　　　　　　　　　　　　（JG1SMD 石川 英正）

【参考文献】
- JF1RNR 今井 栄OMのブログ，
  http://blogs.yahoo.co.jp/jf1rnr/27701984.html
- 鈴木 憲次：高周波回路の設計・製作，
  1992年，CQ出版社．

【引用文献】
- キャリブレーション，ポケロク，組立説明書
- 今井栄：手作りトランシーバ入門
  ─ランド方式で作る，2007年，CQ出版社．

図3-2-3　自作アンテナのイメージ

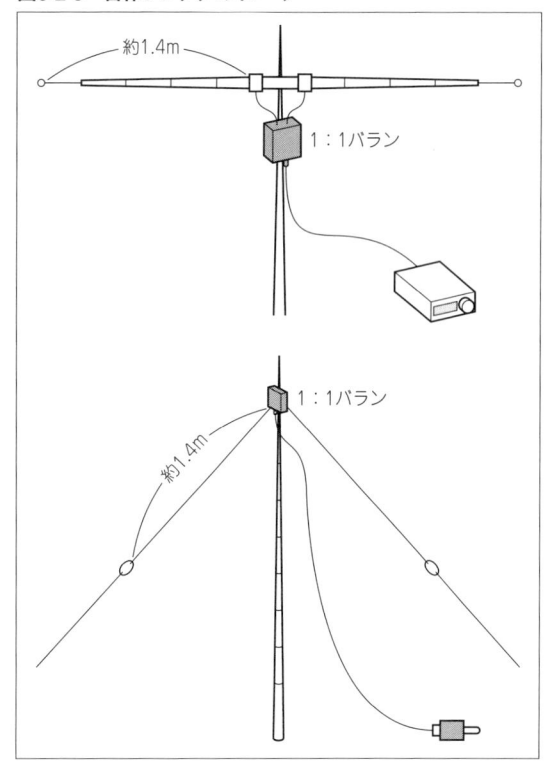

3-3 送信機キットを交信できる無線機システムに仕立てる

前セクションでは，現在入手可能な国産キットの送信機を組み立てました．送信機だけでは交信できませんので，送受信の使いやすいセットに仕立ててやることにします．

ここでは送受切り替え回路の製作，受信部の工夫，最後にCW送信機へ変調器を追加しAMトランシーバに変身させたりと，さまざまなことを試みます．

送受信切り替え回路

送信機を送受切り替えのたびにスイッチで切り替えてもよいのですが，メーカー製のトランシーバは皆PTT（プッシュ・トゥ・トーク）やブレークインになっていますから，ここでは送受切り替えを簡便にするための回路を組み立てて使いやすくします．

PTT回路の追加

"ポケロク"のところですでにPTT回路については述べましたが，やはり手元のマイクに付いたスイッチで送受信のコントロールができると便利です．

送受信切り替えのためには送信部と受信部の電源の切り替え，それからアンテナを送信部と受信部の間で切り替える仕組みが必要です．電源の切り替えにはトランジスタ・スイッチを使用しました．リレーでも対応できます．小電流であれば2SC1815や2SA1015（I_c＜150mA）も使えます．もっと大きい電流を流すのであればI_cの大きいトランジスタを探します．2SD471（NPN型 I_c＝1A）や2SB605（PNP型 I_c＝0.7A）などパーツ・ボックスに入っているものが使えると思います．アンテナの切り替えは小型のリレーを使用しました．低い周波数であれば高周波用リレーでなくても使えます．

受信機との接続

上記のアンテナ切り替えリレーから受信機のRF信号入力部へとつなぎますが，送信機からの電波が受信機に直接入り込むとRF増幅段が飽和してしまいます．自分の音声をモニタできますが，その際にはヘッドホンを使わねばなりません．そうしないとハウリングを起こしてしまいます．

また，そのまま電波が入らないように間にクリスタル・コンバータ（以下，クリコン）などを入れ，その電源をオン・オフすることもできます．

もし気になるのであれば，少し感度が低下しますが過大入力保護用のダイオードも入れます．

"QP-7"などへ応用する場合には，周波数を変えて同じ構成にすれば同じように運用できます．

私はSONY "ICFSW7600GR"を愛用していますが，40MHzや22MHzの水晶発振子を使ったクリコンを作り，50MHzを10MHz帯や28MHz帯に落として聞いています．

BCLラジオの感度が良ければ，高周波増幅1段・混合段・発振段といった構成の3石のクリコンとダイポール・アンテナの組み合わせで50MHz SSBの交信が十分に受信できます．水晶発振子も手持ちのものから選んでラジオで受信できるようIFを決めてやればOKです．

キャリブレーション回路の追加

送信機と受信機が別々になっているものでは，送信機の出す電波と受信周波数が一致するように運用前に調整しておいてやる必要があります．

具体的には送信機の発振回路だけが動作し，受信機も動作しているような状態を作り，受信機のダイヤルを送信周波数に合わせてやります（**図3-3-1**）．

受信部にクリコンを利用している場合には，キャリブレーション中，ここにも電源を供給できるように結線します．

ブレークイン回路の追加

CW送信機である"QP-7"は，運用時にブレークインする回路があると，いちいちスイッチで送受切り替えしなくて済み便利です．フォーンの場合のPTTと似ています．一定時間操作がないときに初めて受信動作に切り替わるセミ・ブレークイン回路（**図3-3-2**）を組み込んでやることにしますが，これはPTTと共用できます．

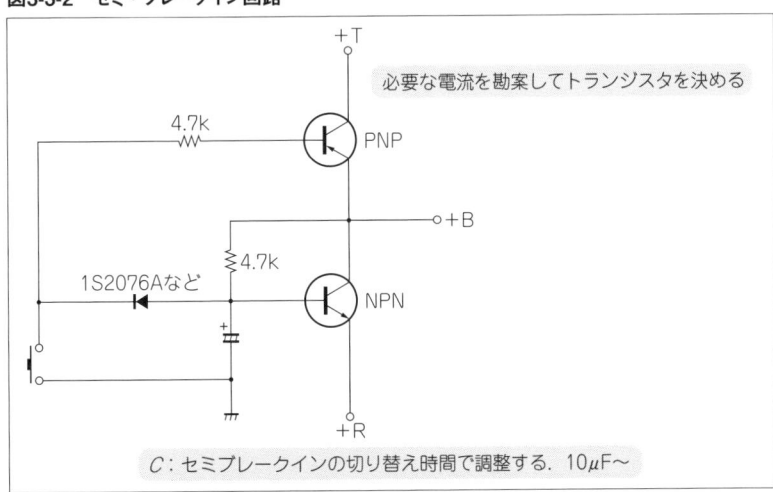

外部のPCからキーイングする回路

インターネットで検索してみるとシリアル・インターフェースを介してキーイングするCW運用ソフトウェアが幾つも見つかります．例えば私が使っているのはCWtypeというソフトウェアです（**http://www.dxsoft.com/en/products/cwtype/**）．

例えばこのソフトを利用すると，CWキーイングのほか，定型文の送出などのCW送信機操作が可能になります．しかしこのソフトはシリアル・インターフェースの制御信号をキーイングに使っています．PCがシリアル・インターフェースを標準で備えなくなって久しいので，実際に使うためには「USB-シリアル変換ユニット」を利用するのが簡便だと思います．

私は秋月電子通商で販売されているFTDI社のFT232RLを使用した変換ユニットを使ってみま

図3-3-1　キャリブレーション回路

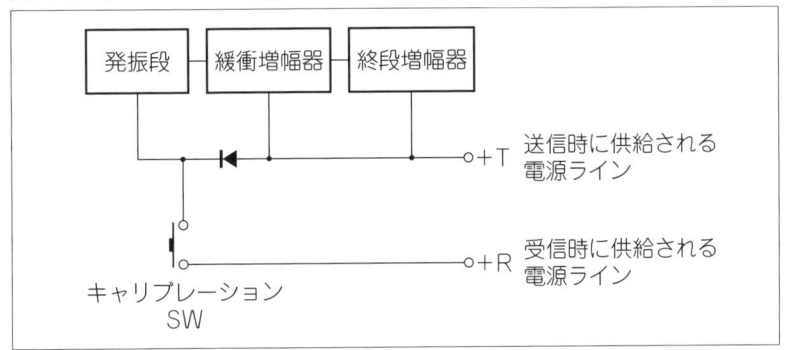

図3-3-2　セミ・ブレークイン回路

図3-3-3　PCからキーイングする回路

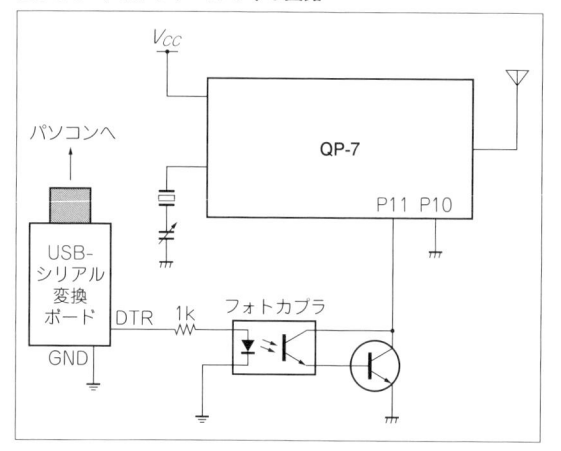

した．このチップは昔からありますが，Windows 8に対応したドライバも用意されており，タブレットPCからも使用できました．

CW typeではDTR信号がCWの「－・－・」という信号になっていますが，このチップでは出荷時に論理が反転しているためON＝L，OFF＝Hとして出力されます．チップのEEPROMプログラマがFTDI社より提供されているので，これを使用して正論理に書き換えます．プログラマのダウン

図3-3-4　"QP-7"の結線イメージ

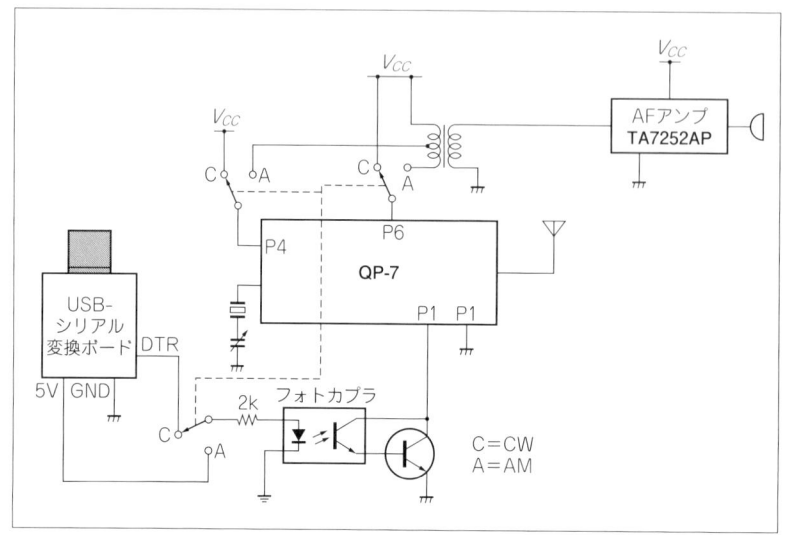

ロードと使用方法については付属の説明書およびFTDI社のWebサイトを，詳細は秋月電子通商の製品ホームページを参照してください．

この結果，**図3-3-3**に示すような構成で"QP-7"のキーイングが外部のPCからできるようになります．電源はフォトカプラによってPC側と分離しています．

AM変調回路とモード切り替え回路の追加

ここまでは"QP-7"をCW送信機として運用するための工夫ですが，ミズホ通信のオリジナルの組み立てマニュアルには変調器を付けてAM送信機にすることができる旨の説明がされています．これに従って組み立て・改造をしてみることにします．

必要なものは変調トランス（8Ω：50Ω　サンスイST-60），AFアンプ（出力数W，インピーダンス8Ω）です．秋月電子通商のWebサイトで探すと，東芝製IC TA7252APを使用した5.9W（4Ω）モノラル出力のAFアンプ・キット（完成品もあり）が販売されているので，これを活用することにしました．

若干ミスマッチですが，変調トランスには手持ちの8Ω：200Ωのオーディオ用トランスを流用することにします．"QP-7"基板本体は特に手を加える必要がなさそうですが，AM送信機として使用するにはキーイング部分（P11）が常時GNDに短絡しているようにするなど，基板外で少し手を加える必

74　QRP入門ハンドブック

第3章　技術編

写真3-3-1　RD00HVS1 リニア・アンプ部

要があります．また，水晶は適宜必要な周波数のものに換装してやる必要があります．基板およびその周辺の結線イメージは**図3-3-4**に示すとおりです．

"ポケロク"など用のリニア・アンプ

"ポケロク"はよく考えられたキットなのですが，やはり30mWの出力ではストレスを感じることがあります．10mWのAM送信機でも同じです．これを少し改善するために（前セクション末のとおり）小型のリニア・アンプを作ってみることにしました（**写真3-3-1**）．

三菱電機のRD00HVS1という高周波用のFETを使用して小さく作って組み込んだり，2SC1970といった定番トランジスタを使います．RD00HVS1は米粒のようなデバイスですがうまく調整すると200mW近く出てきます．また少しサイズも大きくなり値段もはるようになりますが，同じシリーズのRD06HVF1を使用することもできます．

リニアは，ベタ基板を利用して組み，アース・パターンを広く取ると組み立てに便利です．

RD00HVS1は小さい部品でパターン面に直付けするように作られているようなので，ジャノメ基板に実装するには少し工夫が必要かもしれません．私はベタ基板の切れ端にソース端子をはんだ付けして，それを基板に瞬間接着剤で貼り付けて使いました．こうすると小さいながら放熱器にもなりそうです．

バイアス電流を流しすぎるとあっという間にFETが昇天するので注意します．調整前の基板の空いている所に電圧が増加する方向を書き込んでおくなど，注意書きを忘れないようにしてやるとよいでしょう．

回路はJA2NKD 松浦さんのホームページのものを使わせていただくことにしました．私はバイアス電圧が5Vを越えないよう3端子レギュレータを付け加えています．

まず，調整にはRD00HVS1のバイアスは半固定抵抗を回しきって最小にしておきます．RF信号を入れてやり，恐る恐るバイアスをかけていくと出力計の針が振れるようになります．あとはアイドリング電流が数十mAになるように調整します．リニアからの出力は200mWほど出てきたので，これならば結構遠距離とも交信できそうです．

忘れないように終段増幅回路の後にπ型2段のLPFを入れて高調波対策とします．

また，ポケロクのRF出力は改造し，送信時に+12Vを重畳するようにしました．これを利用してリニア・アンプ内部のリレー・コントロールを行えます．

キャリブレーション回路の追加

これまでに書いてきたことを具体的にまとめ，製作してみました．

① **50MHz AM 10mW送信機**

PTT回路を作り，送信機基板と外部にコント

QRP入門ハンドブック　75

図3-3-5　50MHz AM 10mW送信機の回路

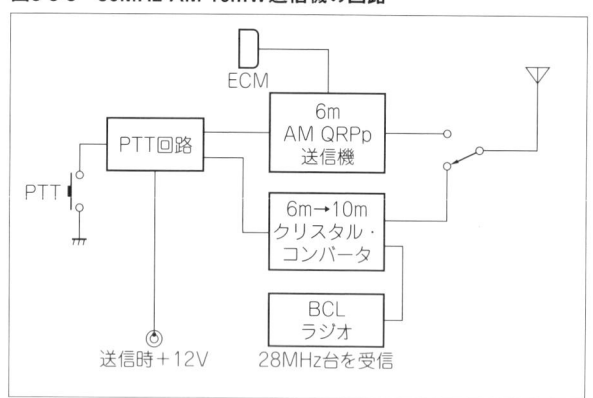

ロール用の信号を出力できるようにしました（**図3-3-5**）．またアンテナ切り替え回路を設けました．その他に50MHz→28MHzのクリコンも作りました（**写真3-3-2**）．クリコンの電源は外部からコントロールできるようになっています．クリコンは3石の簡素なものです．アンテナや電源の切り替えを小型リレーで行っているので，消費電力の点ではまだ工夫の余地があります．

② **QP-7 7MHz CW送信機**

私はCWが苦手ですので，同じQRPクラブのJH2FQS/1 池ヶ谷 OMに"QP-7"使用感を書いていただきました（下段コラム参照）．

次に"QP-7"をAM送信機として利用できるかをチェックするために試作した実験用セット（**写真3-3-3**，**写真3-3-4**）を紹介します．構成は**図3-3-6**のとおりです．受信部は学生の時にCQ ham radio誌の製作記事（JA1AYO 丹羽一夫OMの記事）で作った50MHz AM受信機を使いました．組み上げてからすでに30年近く経過していますが実用性のあるセットです．昔は安価に販売されていた7.8MHzの大型クリスタル・フィルタを使っているので混信には結構強いセットです．

コラム1　私の"QP-7"

オリジナルの"QP-7"にトランジスタ1石（2SC372）のVXO回路を付加し，約5kHz可変できるようにしており，また二つの水晶発振子（7.005MHzと7.020MHz）をスイッチで切り替えできるようにしてあります．ブレークインにはJF1RNR 今井さん考案のフルブレークイン回路を採用しています．サイドトーンとして小型の電子ブザーを付け，キー押下時にブザーが鳴って音量を可変できるようにしてあり，出力は2.5W（max）程度，パワー・コントロールもできます．

受信機はKenwood "R-5000"，アンテナは12mHのV型DP，受信機のミュート回路を活用して，送信時は受信機にミュートがかかるようにしてあります．

◆ **"QP-7"の使用感・運用結果**

2011年からの運用で交信局数が60局ほどと少ないのですが，さいたま市大宮区から遠くは広島県や岡山県岡山市を皮切りに，ほぼ国内は交信できると思われます．

自作送信機でのQSOはメーカー製リグ使用とは違って1局1局に味があり，満足感に浸ることができます．

数WですがさすがHF，だいたい日本全国に飛んでいくようです．　　　（JH2FQS/1 池ヶ谷 克己）

写真3-3-A　"QP-7"（写真上）と"R-5000"

第3章　技術編

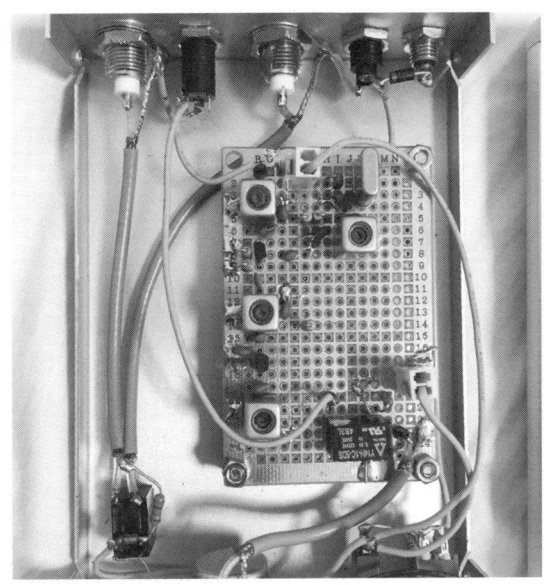

写真3-3-2　50MHz→28MHzに変換するクリコン

写真3-3-4　50MHz AM受信機との組み合わせ

これを利用するためにクリコンで7MHzから持ち上げています．また変調器には同じくTA7252APのAFアンプ基板を使用していますが変調トランスはなく，①と同じくAFアンプ出力を終段に直結して変調をかけています．SEPP（Single End Push Pull）アンプの出力が電源電位のおおよそ中点を中心に上下に振れていることを利用しています．無変調時であってもAFアンプから終段には電流が流れるので，同じく消費電力という点では不利です．構成は**図3-3-6**に示すとおりです．

このセットとダイポール・アンテナの組み合わせで，北海道から九州まで交信することができました．出力は0.6Wです．小出力のHF送信機では飛ばないかと危惧していましたが予想以上に飛んでくれてうれしくなりました．

さてこれらの実験を踏まえ，一つのシャーシにまとめたものを**写真3-3-5**に示します．受信機はキットのDC受信機を使用しています．

③ "ポケロク" 50MHz DSB QRPpトランシーバ

p.69およびp.75で，すでにポケロク本体へPTT回路と外部リニア・アンプ・コントロール用の送信時＋12Vを重畳する回路を組み込んでいるので，外付けにリニ

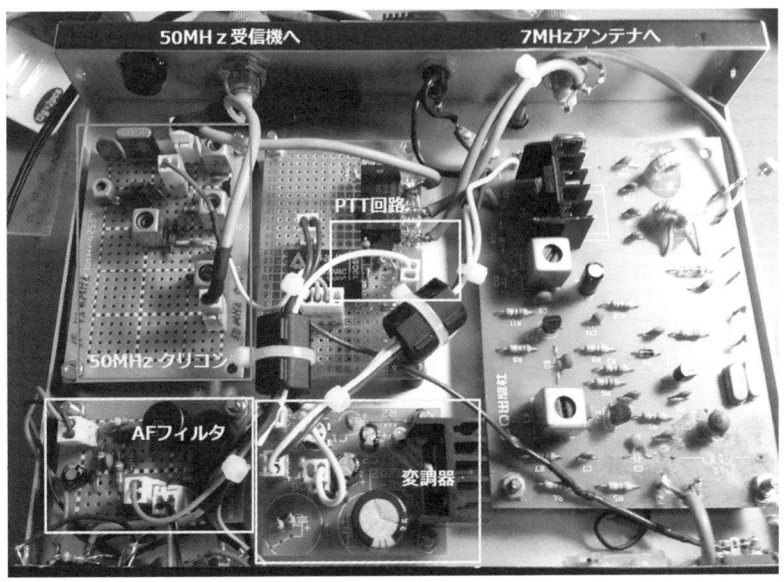

写真3-3-3　"QP-7"で作ったAM送信機セット

QRP入門ハンドブック　77

図3-3-6 "QP-7"でAM送信機実験

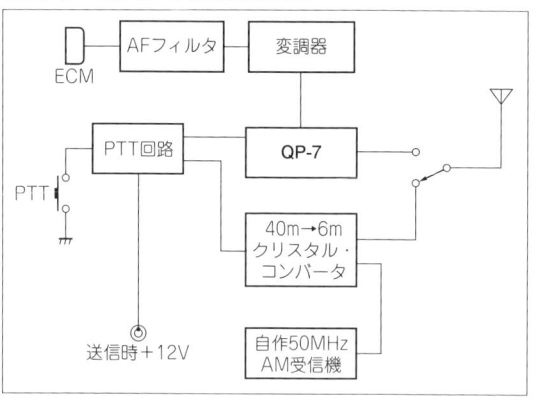

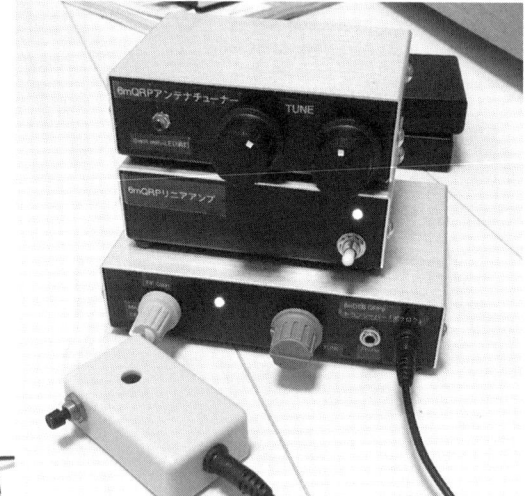

写真3-3-6 "ポケロク"セット

写真3-3-5 "QP-7"セット

ア・アンプを作りました．これで最大600mW出力でも運用できるようになりました．タカチの"YM-100"へ組み込んだのでとてもコンパクトです．あわせて同じケースでアンテナ・カップラも作ってみました(**写真3-3-6**)．

ここまで組み込んでみると，小さな基板からスタートしたキットもそれなりの送受信設備に成長させることができました．

（JG1SMD 石川 英正）

【引用文献】
- 秋月電子通商ホームページ(製品紹介)
  FT232RL
  http://akizukidenshi.com/catalog/g/gK-06693/
  TA7252AP AFアンプ
  http://akizukidenshi.com/catalog/g/gK-00385/
- CW type ソフトウェアダウンロード
  http://www.dxsoft.com/en/products/cwtype/
- 今井栄『手作りトランシーバ入門—ランド方式で作る』
  CQ出版社，2007年

【参考文献】
- ミズホ通信「QP-7」取扱説明書
- JA2NKDブログ
  http://ja2nkd.blog.so-net.ne.jp/2012-10-01
- JI3BNBホームページ
  http://k183.bake-neko.net/ji3bnb/page4.html

第3章　技術編

3-4　往年のQRP機キット紹介

1970年代に米国から始まったQRP機キット

　1970年代初めごろまで，QRPというのは，真空管の単球送信機やアマチュアにも手が届くようになったトランジスタ1〜2石を使った送信機などを自作して楽しむ分野というのが常識でした（現在でも自作マニアが多いのがQRPの大きな特徴）．しかし，この常識を覆す出来事が1970年代にありました．TEN-TECという米国のアマチュア無線機メーカーが，1971年にARGONAUT（アルゴノート）MODEL505というQRPトランシーバ（完成品）を288ドルという値段で市場に投入したのです．同社は，それまでもPOWER MITEというHF 2〜3バンドのQRP CWトランシーバのシリーズを70ドルほどの値段で販売して，QRP愛好家の人気を得ていましたが，ARGONAUTはなんとHFオールバンド，IF 9MHzのシングル・スーパー，出力3Wの本格的なSSB/CWトランシーバでした．ただし残念ながら，当時の日本に代理店がなかったのか，はたまた1ドル360円の時代だったからなのか，ほとんど輸入されなかったようです．

　1973年，QRPクラブの創設者の一人，故JA0AS清水氏が米国出張のついでにこのARGONAUT 505を購入し，CQ ham radio誌で紹介してから名前だけは知られるようになりました．これに少し遅れて同じく米国のHEATHKIT社が1973年にHW-7，1976年ごろにその後継のHW-8というHF 4バンドのCWトランシーバ・キットを市場に出しました．後者はソニーが代理店となって日本国内

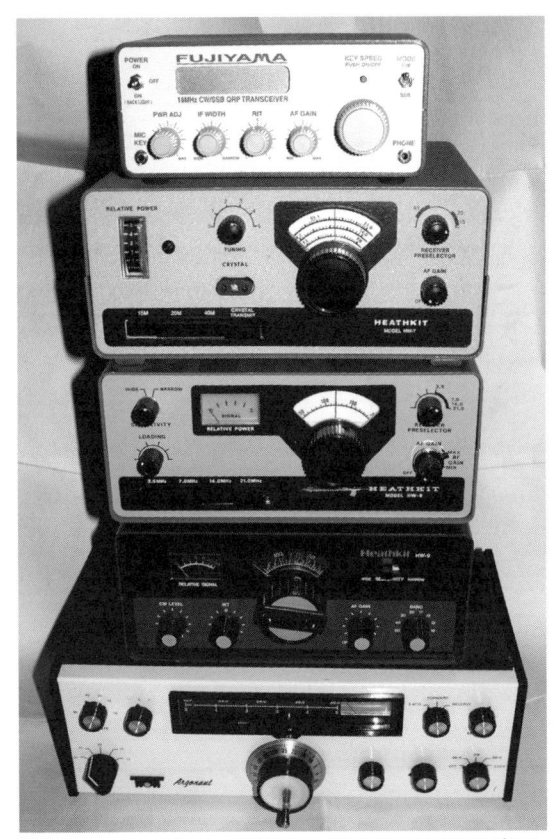

写真3-4-1　ヒースキット，TEN-TEC ARGONAUT505など集合
本稿で紹介した往年のQRPトランシーバ・キットなどを集めてみた．写真上からFUJIYAMA，HEATHKITのHW-7，HW-8，HW-9，TEN-TECのARGONAUT MODEL505（これは完成品）

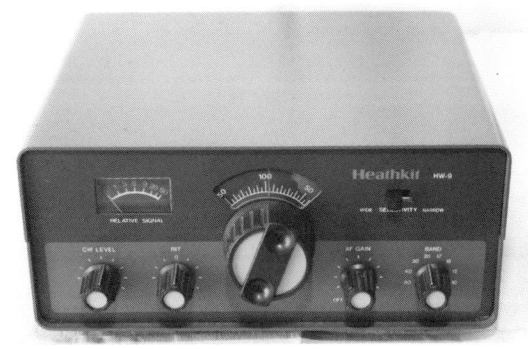

写真3-4-2　HEATHKIT HW-9
日本でも1980年代後半にT-ZONEが輸入販売．WARCバンド・オプションを入れると3.5〜28MHzのCWで運用できた

QRP入門ハンドブック | 79

でも販売されましたが，確か8万円近い値段にもかかわらず受信部はダイレクト・コンバージョン式ということで，実際にはあまり売れなかったのではないかと想像します．1980年代には，HW-8の後継のHW-9というHFオールバンドCWトランシーバ・キットが発売され，日本でも一部の販売店で5万円前後で輸入販売されました．これは受信部がIF 8.83MHzのシングル・スーパー方式で，選択度がやや甘いものの，今でも愛用者が少なくないようです．

1980年代にミズホ通信のキットが火を付けたJAのQRPブーム

米国でARGONAUT505やHW-7/8が登場したころ，日本国内ではトリオの9R-59やTX-88を設計したJA1AMH 高田 継男氏が同社を辞めてミズホ通信という小さな会社を起こし，FB-6Jという真空管超再生受信方式の50MHz AMトランシーバ・キットを発売．ミズホ通信はその後DC-701というHF 3バンドCWトランシーバ・キットをはじめ，多くのQRPトランシーバ・キットやそのモジュールを転用したQPシリーズというCW送信機基板キ

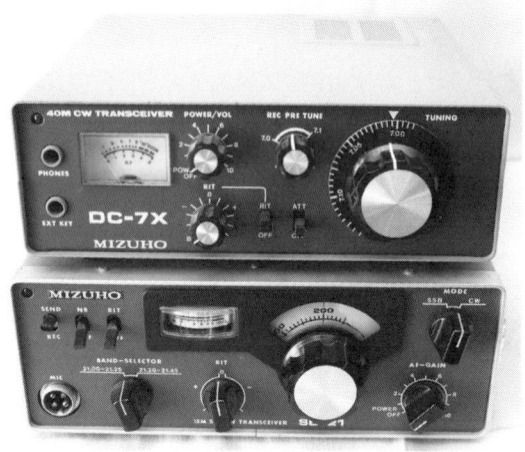

写真3-4-3　ミズホDC-7XとSB-21
写真上はミズホ通信が1970年代半ばに販売した7MHz CW 出力2Wの受信部ダイレクト・コンバージョン式トランシーバ・キットDC-7X．下も同じく同社が1970年代半ばに販売した21MHz SSB/CW 出力1Wのシングル・スーパー式トランシーバ・キットSB-21．いずれも基板組み立て・調整済みのキットのほか完成品も供給された

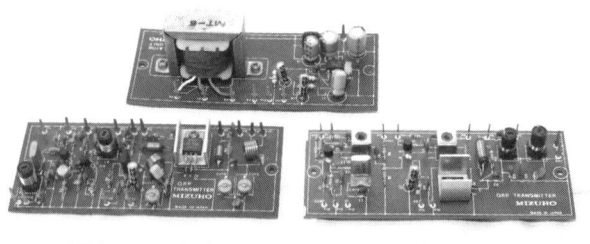

写真3-4-4　ミズホQP基板キット・シリーズ
ミズホ通信が1970年代から販売し，一部は現在でも入手可能なロングセラーとなったQPシリーズ．右手前は21MHz CW，出力1WのQP-21で，QP-7と基板は共通．左手前は50MHz CW，出力1WのQP-50で，周波数が高いため専用基板となっている．奥はQP基板にAM変調をかけるための変調器MOD-1．いずれも基板と部品がバラバラに袋詰めされた「ローズキット」（バラをもじった愛称）のみ供給された

写真3-4-5　ミズホ・ピコシリーズ集合
ミズホ通信が1980年代に若干のモデルチェンジを加えながら販売し，ベストセラーになったピコ・シリーズ．一貫しているのはSSB/CWの両モードを搭載していることと，基板組み立て・調整済みのキットのほか完成品も供給されたこと．手前は50MHz 出力250mWの初代ピコ6．中段左は144MHz 出力200mWのピコ2．同右は21MHz 出力300mWのピコ15．これらの3機種はCB機用に安く大量に出回っていた水晶フィルタを利用しており，基板はジェネレータ部とトランスバータ部の2枚構成．奥左は50MHz 出力1Wのピコ6S．奥右は7MHz 出力2Wのピコ7S．末尾のSは「スーパー」を意味しており，専用設計の小型水晶フィルタの採用により1枚基板で構成されている

ット，VFOユニットなどを次々に発売しました（消費税導入前に存在した物品税がキットにはかからないという利点もあったかもしれません）．

1980年代に入って同社が発表したピコ6に始まるハンディQRPトランシーバ・キットのシリーズは，日本国内でのQRPブームの火付け役になったといってもよい画期的なキットです．3.5～144MHzまでの間のシングルバンド機ながら，ハンディ機サイズに本格的な水晶フィルタを用いたシングル・スーパー受信部と200mW～2W（バンドによる）のSSB/CW送信部を収め，値段も2万円台というものでした．キットと言っても，基板は組み立て調整済みで，ビニル線などをはんだ付けしていけば1時間ほどで完成する手軽さから，免許を取ったばかりの初心者からベテランまで幅広く人気があったようです．今でもネットオークションなどで多数出品されていますが，発売当時を上回るような値段になることもあり，少々びっくりです．

同社は1990年代半ばにはP-7DX，P-21DXという出力0.5W，シングル・スーパー式受信部を持つCWトランシーバ・キットも2万円ほどで発売しました．そのプロトタイプP-7はハムフェアの工作教室の教材として，わずか1万円で提供され，大人気でした．これらも基板は組み立て調整済みでした．QRP自作愛好家の間では，同社から100枚分けてもらったプリント基板を希望者に頒布し，各自が好きなバンド用のQRP機を組み立てるという取り組みも行われました．

インターネットでさまざまなキットを世界から入手可能になった1990年代以降

1990年代になると，インターネットの普及も手伝い，海外のQRPクラブなどが開発したキットが

写真3-4-6　Norcal40A
米国のQRPクラブで開発され，広く販売された7MHz CWトランシーバ・キット Norcal40A．現在でもまだ入手可能だ

日本国内でもよく知られるようになり，円高の追い風に乗って広がりました．特によく知られていたのが米国の北カリフォルニアQRPクラブが開発し，Wilderness社が販売したSierra，NC40A，SSTなどのCWトランシーバ・キットです．受信部は4素子ほどの水晶を並べたフィルタを持ち，IFアンプなし，ダブルバランスド・ミキサICとAF段だけでゲインを稼ぐシングル・スーパー構成になっているのが共通点でした．AGCやSメータがないなど，日本のハムにとっては斬新な設計でしたが，使ってみるとノイズの少なさに皆が驚きました．英国のQRPクラブで開発が進められW6BOYがこれを改良した，たった2石と1ICのCWトランシーバPixie 2というキットも衝撃的でした．

QRP愛好者のクラブが開発したキットと聞き，日本のQRPクラブも負けてはいられないと有志が集まって開発したのが18MHzモノバンドのSSB/CWトランシーバ・キットで，開発途上のベータ版15台，最終的に2001年に正式版100台を頒布したFUJIYAMAです．出力0～2W，帯域可変水晶ラダー型フィルタを備え，日本人の嗜好に合わせた受信部はIF段で100dB近いAGCをかけ，LCD周

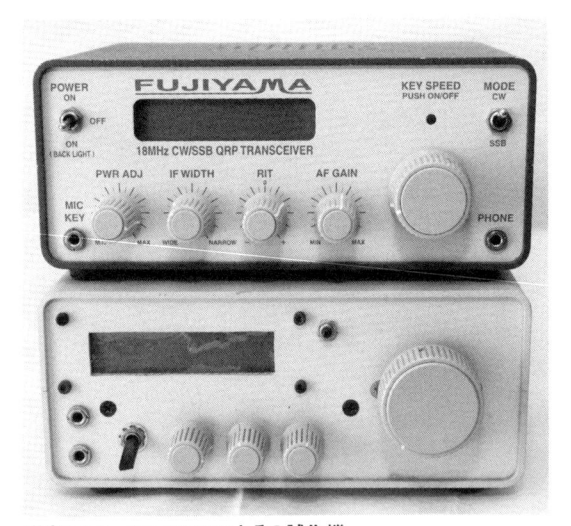

写真3-4-7 FUJIYAMAとその試作機
写真上は日本のQRPクラブ有志で1998年末頃から開発に取り組み，2001年はじめに100台頒布された18MHz SSB/CW 最大出力2Wのトランシーバ・キット．完全バラバラのキットのみで，厚さ2cmほどの組み立てマニュアルが付属した．下はその開発のために筆者が作った試作品

波数表示の下にバーグラフのSメータ表示もありました．

　2000年代半ば，今度は同クラブでクラブの正式プロジェクトとして，送受信を合わせた総消費電力を極力抑えるというコンセプトで出力100mWの7MHz CWトランシーバ・キットEQT-1を開発．こちらも100台あまり頒布しました．

　そして2010年代半ばを迎えた現在は，お隣の中国のアマチュアが開発したQRPトランシーバのキットが次々と登場し，QRP愛好家の話題になっています．BD6CR/4 RongさんやBD4RG Buさんが開発した7MHz SSBトランシーバ・キットのKN-Q7A，7MHz超小型CWトランシーバ・キットのCRK-10Aは，日本のQRP愛好家によって日本語の紹介サイトや国内頒布ルートも作られ，2010年代前半の一大ブームになりました．個人が開発・頒布しているため供給数に制約はあるものの，中国発のこうした動きはこれからも大いに期待できそうです．また，米国のTEN-TECやMFJなどのメーカーからもモノバンドQRPトランシーバ・キットが販売されています．MFJは日本国内に代理店もあるので，購入は難しくなさそうです．

　こうしたQRPトランシーバのキットは，必要な基本性能を確保しながら，できるだけ回路構成をシンプルにして，初心者にも容易に組み立てられることをコンセプトにしているので，メーカー機のようにかゆい所に手が届くような付加機能などはありません．また，運用周波数を直読できなかったり，室温の変化などで周波数が変動してしまうようなこともないとはいえません．そうした点も理解したうえで，自分で回路を改良したり，運用でカバーするというような努力もまたキットの楽しみの一面です．
　　　　　　　　　　　　　　（JG1EAD 仙波 春生）

写真3-4-8　EQT-1 100mW QRPp 7MHz CW TRX
JARL QRPクラブの正式プロジェクトとして開発・頒布された"EQT-1"は，「Class-E」（ファイナルアンプ，80%ほどの効率），「QRP」，「TRX」の三つの頭文字を取って命名された100mW QRPp 7MHz CW TRX．送信とともにAFアンプも省電力化されていて，今では珍しいクリスタル・イヤホンが採用されている．筆者が幼少のころにゲルマ・ラジオに触れてから半世紀弱経過したが，"EQT-1"のクリスタル・イヤホンは今でも現役で使用可能だ．
　　　　　　　　　　（JF1DKB 高野 成幸さん提供）

3-5 アンテナを考える〜よく飛ぶアンテナとは?〜

よく飛ぶアンテナにするにはどうしたらいい?

QRP運用をしていると,いくら呼んでも相手局に気付いてもらえず結果的に無視される辛い経験をすることがよくあります.このような状況を乗り越えてQRPを楽しむためにはアンテナ系の性能を最大限に引き出して飛びを良くすることが不可欠ですが,具体的にはどうしたらよいのでしょうか?

送信機から出力された電力は,ケーブル,アンテナ,空中と通過する中でさまざまな要因で損失として失われ,目的とする相手には送信出力の一部のエネルギーしか届いていません.「良く飛ぶ」とはすなわち,途中で失われるこれらのエネルギー損失をできる限り少なくすることだと言えるでしょう.

図3-5-1はそのエネルギー損失を示しており,分類すると下記になります.

(1) 送信機からアンテナまでの伝送損失
　（**図3-5-1**の①〜③）
- インピーダンスが変化する境界でのインピーダンス不整合による電力反射（$VSWR$で評価）
- 給電点などの接続部分での接触抵抗
- ケーブルでの伝送損失
　（銅損,表皮効果,誘電体損）
- アンテナ切り替え器などの挿入損

(2) アンテナで電波として放射される効率（**図3-5-1**の④）
- アンテナの共振
- アンテナの損失抵抗と放射抵抗

(3) 電波の目的外方向への放射（**図3-5-1**の⑤）
- 水平方向,垂直方向

これらの損失をできる限り抑えて,良く飛ぶアンテナにするための具体的方法をこれから考えていきたいと思います.

1. 送信機からアンテナまでの伝送損失を最小限にする

1-1. インピーダンス整合

インピーダンス $Zs = Rs + jXs$ の信号源からインピーダンス $Za = Ra + jXa$ の負荷に最大限の電力が送れる条件は,インピーダンスが整合していること（**図3-5-2**）,すなわち $Rs = Ra$, $jXs = 0$, $jXa = 0$ です.ここでRs, Ra は信号源と負荷の抵抗成分,jXs, jXaは同じく信号源と負荷のリアクタンス成分です.

リアクタンス成分があると無効電

図3-5-1　さまざまな損失

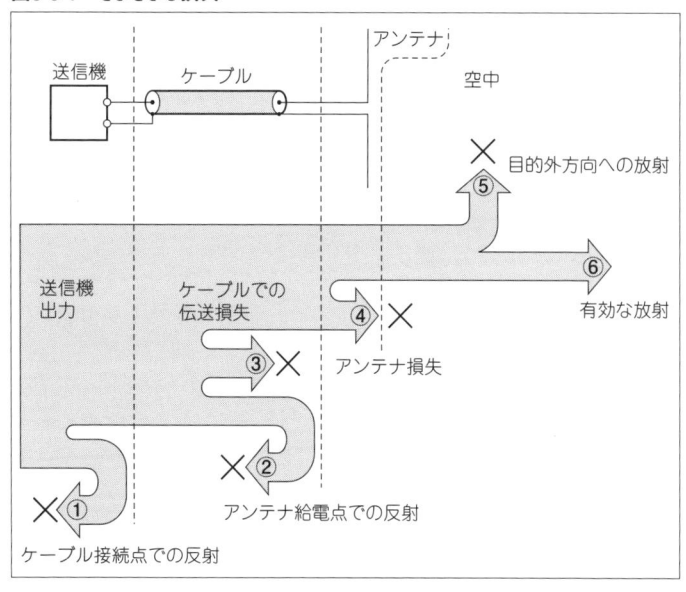

図3-5-2 インピーダンス整合

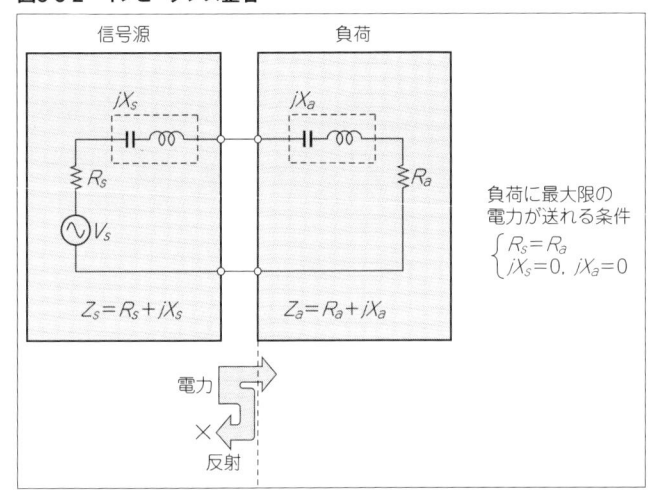

力が生じて電力の伝送効率を悪くし，またR成分が整合していなければ，電力の一部が反射して信号源側に戻ってしまいます．

図3-5-3は，送信機とアンテナ間をケーブルで接続するケースです．信号源が送信機，伝送路がケーブル，そして負荷がアンテナです．話をシンプルにするため，ケーブルの特性インピーダンスを50Ω，送信機出力インピーダンスも50Ωで，この両者間のインピーダンス整合は取れていると仮定します．このケースでアンテナ給電点(Ⓑ)にVSWR計を接続してその値を最少にするよう

図3-5-3 インピーダンス整合とアンテナ抵抗

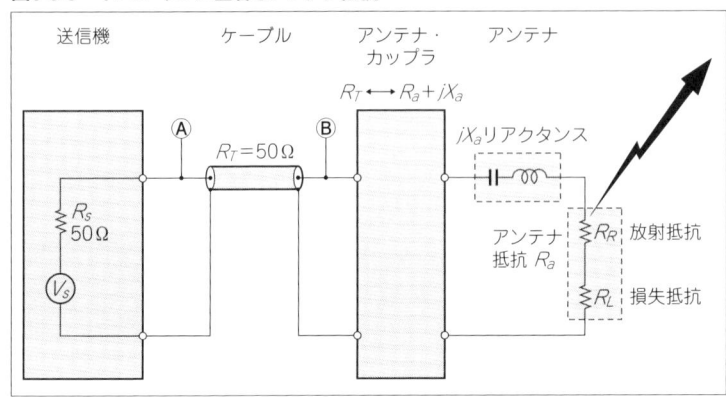

にエレメント長の調整をする場合，なかなか1回では最適調整ができず試行錯誤の繰り返しになりがちかと思います．それは，VSWRがアンテナのリアクタンス成分jXaと抵抗成分Raの二つのパラメータの二乗平均の比としているので，この二つを分離して評価できないからです．

VSWRの値が高いとき，その原因がアンテナにリアクタンス成分jXaが残っているためなのか，それともリアクタンス成分jXaは十分に小さいが抵抗成分Raが送信機/ケーブルのインピーダンス50Ωからかけ離れているためなのかで対処方法が変わります．調整すべきパラメータが分かっていないと，それこそカット＆トライの暗中模索状態となってしまい，なかなか収束できません．そのような迷路に陥るのを防ぐために，アンテナ調整はアンテナ・アナライザを用いてリアクタンス成分jXaと抵抗成分Raそれぞれを把握しながら以下の手順で行うのが効率的です．

① 目的とする周波数でリアクタンス成分jXaがゼロになるようにエレメントの長さを調節する（アンテナを共振させる）．

② 共振した状態で抵抗成分Raが50Ωに近づくように，ワイヤを張る方向や角度を変える（インピーダンスを整合させる）．

③ どうしてもインピーダンス整合が取れない場合は，アンテナ・カップラを挿入してインピーダンス変換する．

上記手順は，固定局がワイヤ・アンテナを調整する場合を想定し

84　QRP入門ハンドブック

図3-5-4(a)　14MHz ダイポール・アンテナのVSWR特性

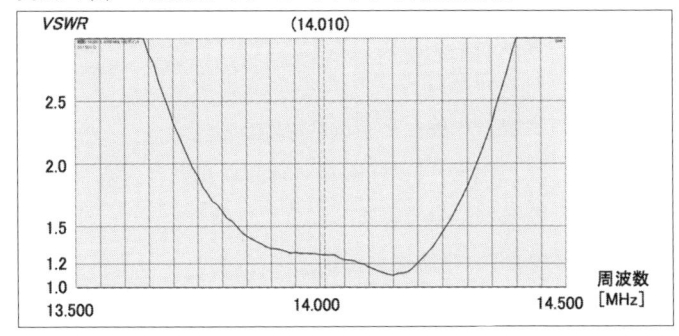

図3-5-4(b)　14MHz ダイポール・アンテナの抵抗成分とリアクタンス成分

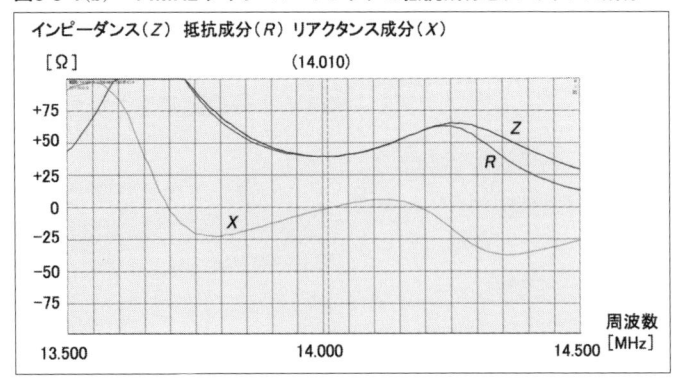

ていますが，野外で移動運用する場合は，アンテナ設置にあまり時間を掛けられませんので，上記手順のうち①と②は設計保証とし，現場での調整は③のみということも十分にあり得ます．

ところで，VSWR計なりアンテナ・アナライザなり，計測器の挿入ポイントをⒷではなく送信機直後のⒶで行うことも多いかと思います．Ⓐでの調整は，ケーブルを含めた全アンテナ系と送信機との整合がまとめて調整できるし，何よりシャック内の手元で作業ができて便利なのでついそうしがちなのですが，Ⓐでいくら念入りに調整してもⒷでのインピーダンス・ミスマッチによる反射は防げないことに注意が必要です．基本はあくまでもアンテナ給電点(Ⓑ)での整合です．

図3-5-4(a)，(b)は，アンテナ・アナライザAA-54で測定した自局のベランダ・アンテナ(14MHz ダイポール・アンテナ)の特性データです．建物躯体の影響や左右エレメントの張り方の非対称性などの影響で，グラフは結構うねっています．14.010MHzで共振し(リアクタンス成分Xがゼロ)，VSWR＜1.5の範囲が13.83～14.26MHz，その範囲内の抵抗成分Rの値が40～63Ωです．かなり50Ωに近いのでVSWR値をさらに下げるのは難しいと思われますが，エレメントを短くして共振周波数をもう少し高くするのは可能性がありそうというのが分かります．

1-2. その他の電力損失

●給電点などの接続部分での接触抵抗

通常，アンテナの入力インピーダンスは数Ω～数十Ωしかありませんので，この部分での接触抵抗による電力損失は無視できません．接触抵抗をできる限り小さくするために，はんだ付けは確実に行い，さらに24時間風雨にさらされますので錆びを防ぐための防水対策も必要です．

●ケーブルでの伝送損失
（銅損，表皮効果，誘電体損）

ケーブルを数十mも引き回す場合は，ケーブルでの損失も無視できません．銅損は導体の持つ抵抗によって熱として失われる損失．表皮効果は高周波電流が電線の表面付近を流れる現象で，そのため電線の有効断面積が小さくなり損失が増えます．誘電体損はケーブルの内部導体と外部導体の間の誘電体の中で電気エネルギーが熱エネルギーとして失われる現象で，周波数が高くなるほど大

きくなりますが，HF帯ではそれほど顕著ではありません．これらの伝送損失は一般的に太いケーブルほど小さくなりますが，同時に価格も高くなり，太いために柔軟性が失われて引き回し難くなります．

電力損失の観点から言えば，アンテナ直下に送信機を設置し，ケーブルなしで直接アンテナに給電するのがベストで，野外での移動運用などでワイヤ・アンテナを送信機に直接接続するのは電力効率の面で理に適っていると言えるでしょう

● アンテナ切り替え器などの機器の挿入損

アンテナ切り替え器，VSWRメータ，アンテナ・カップラ等々の機器にはそれぞれ固有の挿入抵抗があり，その分電力の損失が発生しますので，特にQRP運用の場合はできる限り途中に機器を挿入しないこともポイントになります．

2. アンテナの放射効率を最大限に高める

インピーダンス整合を完璧に行ってVSWR=1に調整しても，それだけでは「良く飛ぶアンテナ」として十分ではありません．それはアンテナの代わりに50Ωのダミー抵抗を接続してVSWR=1を実現した場合を考えれば明らかでしょう．

VSWR=1ですから，電力は供給点で反射することなく全てダミー抵抗に供給されます．しかしながら，（当然のことですが）その電力は熱として消費され，電波として空中に放射されることはありません．つまり，インピーダンスを整合させてVSWRを限りなく1に近づけることは「よく飛ぶアンテナ」の必要条件ではありますがそれだけでは不十分で，さらにアンテナの放射効率を最大限に高める必要があります．アンテナ放射効率ηは，アンテナから放射される全電力とアンテナに供給される電力の比で，次式で規定されます（**図3-5-3**参照）．

$$\eta = \frac{R_R}{R_a} = \frac{R_R}{R_R+R_L}$$

コラム2　釣り竿ダイポール・アンテナ

写真3-5-Aは，データ測定に使用した自局の14MHzダイポール・アンテナの写真です．近所の釣り具屋のバーゲンで購入したノンカーボン釣り竿を，ベランダ天井の物干竿用金具を利用して固定し，ベランダの前に突き出して逆V気味のダイポールにしています．釣り竿の先のガイドリングに100均ショップで購入した結束バンドでバランを取り付けて給電点とし，エレメントの両端は手すりに絶縁ロープを介して固定しています．同軸ケーブルも結束バンドを使って釣り竿のガイドリングに固定しています．

私の住んでいる沖縄は台風銀座と呼ばれるほど台風が毎年頻繁にやってきます．強風でアンテナが落下すると危険なので，台風が近づくたびにアンテナを収納しなければなりませんが，**写真3-5-B**に示すように釣り竿だと収納状態に縮めるだけですからとても簡単です．

写真3-5-A　ダイポール・アンテナ（釣り竿伸長）

写真3-5-B　ダイポール・アンテナ（釣り竿収納）

η：アンテナ放射効率　Ra：アンテナ抵抗
R_R：放射抵抗　　　　　R_L：損失抵抗

　この式から，放射抵抗R_Rが小さいと放射効率ηが下がると同時に相対的に損失抵抗R_Lの及ぼす影響が大きくなることが分かります．放射効率を上げるには放射抵抗をできるだけ大きくし，損失抵抗はできるだけ小さくする必要があります．放射抵抗はアンテナを小型化すると低下しますので，大きくするためにはエレメントを可能な限りフルサイズで空間に展開します．もし短縮コイルを用いてエレメントを小型化するのでしたら，放射抵抗が下がるデメリットを補うために，短縮コイルはできるだけ高い位置に設置します．

　一方，損失抵抗の要因は下記が挙げられます．
- エレメント導体の電気抵抗(銅損)
- エレメント導体の表皮効果
- パイプエレメントを継ぎ足して延長した場合などの接続部の接触抵抗
- 接地アンテナの接地抵抗

　銅損対策としては，できるだけ太く，導電率の高い材料(鉄＜アルミ＜銅)をエレメントに使用し，表皮効果に対しては，できる限り太い(中空可)，透磁率の低い材料(銅，アルミなど)が有効です．なお，エレメントを太くすると銅損などが小さくなるだけではなく，リアクタンスの周波数変化が小さくなるのでブロードな広帯域特性が得られます．また，エレメント接続部の接触抵抗に対しては，接続部分に導電性の錆止めスプレーを施して錆びによる接触抵抗の増大を防ぎます．

3. 目的外方向への放射を抑える

　目的外方向への放射(**図3-5-1**の⑤)も損失ですので，ビーム・アンテナの使用が可能であれば，目的外方向への放射を抑えて，その分目的方向への

利得が高められます．また，HF帯は電離層の反射を利用した通信ですのでDXでしたら打上げ角の低いアンテナ，国内通信でしたら逆に打上げ角が高いアンテナが飛ぶアンテナになり，目的によって変わります．

4. 野外で移動運用する

　野外に出て見晴らしの良い場所から運用するのも，アンテナの飛びを良くするのに有効な手段です．
　景色が良いので爽快な気分にもなれ，まさに一石二鳥です．ところで，一口に野外移動といってもその方法は人によってさまざまです．自転車に積んで近所の公園や河原へ，あるいはリュックサックに背負って山登り，さらに車に積んで峠のパーキングエリアからの移動運用等々．QRP機は軽量コンパクトでバッテリ駆動が可能ですので，このようないろいろな運用が可能なのも魅力の一つです．移動運用に適したアンテナ条件をまとめると下記になります．

- **運搬が容易**：軽量でコンパクトな収納状態
- **設置および撤収が容易**：シンプルなアンテナ構造

　HF帯ですと，ワイヤ・アンテナがこれらの条件に合致します．
　アマチュア無線は，アンテナという切り口だけでもいろいろな創意工夫が可能ですので，ぜひ皆さんもいろいろと楽しんでいただきたいと思います．
(JR6HK 屋比久 英夫)

【参考文献】
1. 根日屋英之；高周波・無線教科書，2010年，CQ出版社．
2. 根日屋英之，小川真紀；ユビキタス時代のアンテナ設計，2005年，東京電機大学出版局．
3. 有限会社ソネット技研のWebサイト
http://www.sonnetsoftware.co.jp/support/tips/gains_of_antennas/

3-6 移動運用のためのダイポール・アンテナ

移動用アンテナは手作りで！

本稿では移動運用に使える簡単なダイポール・アンテナを紹介します．

今はアンテナもメーカー品を買ってきて使うことが多いようですが，アマチュアが手作りしたものでも十分に交信できて実用になります．自分で工夫することも楽しいので，ぜひ実験してみてください．

アンテナの自作で注意することは，アンテナとケーブルのインピーダンスをリグ（通常は50Ω）に合わせておくことです．このマッチングに失敗すると，最悪の場合は大切なリグを壊してしまいます．アンテナ・チューナを利用することで多少のミスマッチはカバーしてくれますが，SWRメータなどでチェックを怠らないようにしてください．

● QRPなら移動運用でも楽しめる

最近はスイッチング電源やLED照明の普及で都市の雑音が大きくなってきて，住宅地でアマチュア無線を行うには厳しい時代になりました．しかし，野山に出れば周辺1kmにまったく電線や電気製品がない土地を探すことも不可能ではありません．QRPならリグとアンテナ，電源をすべてリュックサックに入れて徒歩や自転車で移動することもできます．うまく移動地を見つけられたら，7MHzや3.5MHzのフルサイズ・アンテナを張ることもできます．ノイズが少ないところでフルサイズのアンテナを張ると，「いつものリグがこんなによく聞こえるのか？」と感動することでしょう．

● 最初はダイポールから

まず最初にダイポール・アンテナを作ってみましょう．ダイポールはアンテナの基本中の基本で，簡単にできて，ある程度の飛びが見込めるものです．

QRPクラブの元会長のJH1HTK 増沢隆久さんは旧版QRPハンドブックに「移動用投てき型アンテナ」として，とても簡単な移動用のHFアンテナを提案されています．本節のカットは旧版QRPハンドブックより転載．JA0CQO 小林久夫さん画．

● 移動用投てき型アンテナ

このダイポール・アンテナに必要な最小の要素

図3-6-1 投てき型アンテナのマンガ

第3章　技術編

は，エレメントと同軸ケーブル，ひもの三つです．

具体的には，

① ビニル被覆線：20.5m（外径φ2程度のより線）．半分に切って10.25mを2本にしておく．
② 同軸ケーブル：15m（1.5D-2V）．片側にコネクタを接続しておく．
③ プラスチック板：50mm×100mm×5mmくらいのものを1枚．
④ ひも：25mのもの1本と15mのもの2本（なるべく表面がつるつるで，軽くて，伸びの少ないもの．化学繊維でできた直径1mmぐらいのものがよい）．
⑤ おもり：1個（ゴルフボール程度のおもり）．
⑥ 同軸コネクタ：リグのアンテナ端子に合うもの．

図3-6-3　立ち木を選ぶ

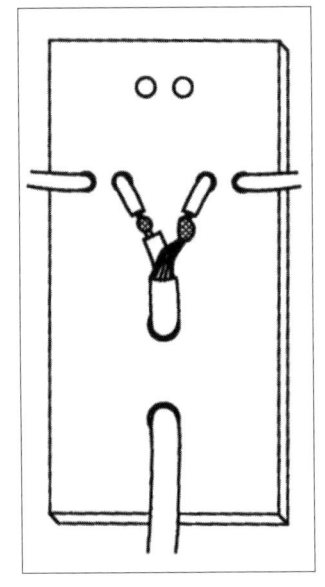

図の要領でプラスチック板に穴をあけ，同軸ケーブルとビニル被覆線を通してはんだ付けします．

まずは場所の選定が大事です．小高い見晴らしの良い丘で，枝ぶりの良い木が何本か生えている場所を探します．アンテナ・エレメントは地面の上に広げ，25mのひもの端におもりを付け，他の端はプラスチック板の上部に結び付けます．

木の6〜10mくらいの高さの枝を超すようにおもりを投げ，うまくひっかかったら，プラスチッ

図3-6-2　給電部の処理

図3-6-4　アンテナ全体の構成

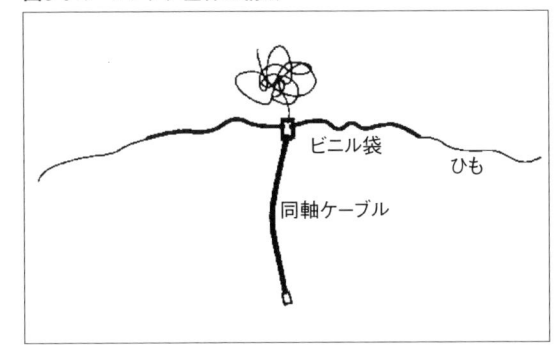

ク板ごと給電部を引き上げます．ひもを木の幹に縛り付けると給電部を固定できます．他のエレメントにもひもとおもりを付け，同様に木に通して固定します．逆Vでもよいと考えるならこちらの方が楽です．エレメントの先は木の枝にかからない方が性能が良いようです．

増沢さんによれば，特に調整をしなくとも強力に受信できるということです．たとえSWRが3くらいでもフルサイズであること，ロケーションの良さによる効果が圧倒的に大きく，良く調整され

た短縮ホイップと比べて何倍もの威力があるそうで，今は固定用としても使っているそうです．

かんたんダイポールの工夫

　私が増沢さんのこの記事を読んだのはアマチュア無線の再開局を準備していた1998年ごろで，当時，すでにアンテナは市販品を使うのものという雰囲気でしたが，「今でもアマチュアっぽいやり方でよいのだ」と安心した記憶があります（著者が本業では機械工学の権威であったことは後から知りました）．

　自分でもいろいろ工夫をしてみました．中央のプラスチック板は絶縁物なら何でもよいので，歯ブラシの柄を切ったり，フィルムケースにバランを入れたり，包装用の手提げホルダを使ったりもしました．21MHz用ならひもは両方のエレメント端に付けただけでも使えます．おもりは持参した工具などを使いました．石をおもりにするときは，みかんの包装用ネットに入れるとひもが外れにくいことも分かりました．

● 同軸ケーブルを使わない

　さらに工夫を重ねて同軸ケーブルも省略してしまったのが，以下の「かんたんダイポール」です．

　同軸ケーブルの代わりに，ホームセンターなどで安く売られている通信用屋内平行線（TIVF）をエレメント材および平行フィーダとして使っています．

　日本のアマチュア無線家は昭和30年代くらいまでは同軸ケーブルが入手できなかったので，はしごフィーダを自作するかVHFテレビ用の300Ωフィーダを使っていました．いずれも平行フィーダの一種です．平行フィーダは，雨で特性が変化するのとフィーダ部分からも電波が輻射されてインターフェアが出るため，同軸ケーブルが手に入るようになると使われなくなりました．ただ，移動時ならインターフェアの心配が少ないので，試してみる価値はあります．

　このアンテナのメリットは二つあります．一つは，同軸ケーブルを使わないためとても安くできあがることです．フィーダとエレメント代でも1,000円くらいで済みます．もう一つはアンテナの基本が分かり，とても面白くかつ勉強になるということです．このアンテナで，昔のアマチュア無線家の苦労の追体験と上級試験のための勉強にもなるのです．

　平行フィーダという呼び名は形から来ているものですが，性質から見ると平衡フィーダということもあります．これは2本の線のどちらも接地されておらず電気的にも対称（balanced）であるからです．高周波だけでなく，音声信号を伝達するマイク・ケーブルやコンピュータのLANケーブルなどにも平衡ケーブルが使われています．

　このフィーダは同調させて使うので，同軸ケーブルのようにどこで切ってもよいわけではなく，フィーダの長さが1/2波長（およびその整数倍）になるように作ります．どのバンドでもこの方式が可能であり，7MHz用を21MHz用に使うこともできます．フィーダかエレメントを継ぎ足せば，任意の周波数に同調させることもできます．もちろんリグ側にチューナを入れれば多少の長さの変化があっても大丈夫です．

● かんたんダイポールの作り方

　アンテナおよびフィーダの材料として，電話用の配線に使う通信用屋内並列線（TIVF）という塩ビ被覆の2芯平行の線を13m購入します（1m当たり50円くらい）．

第3章　技術編

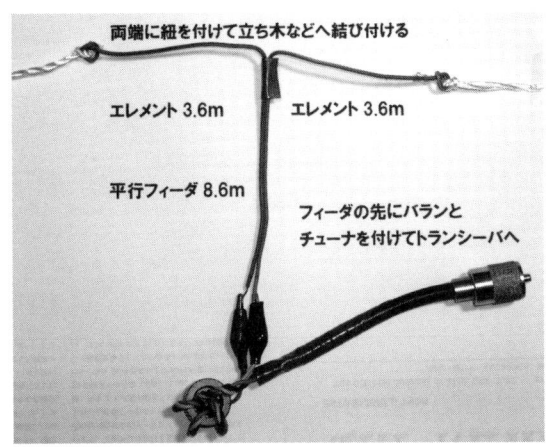

写真3-6-1　かんたんダイポール概念図

写真3-6-2　筆者による運用の様子（ピコ21とチューナ）

写真3-6-3　竹のポールにフィーダを沿わせて逆Vで使っている

　その線の端から3.6mのところにビニル・テープを巻き付けます．その端から2本の線を裂き，ビニル・テープのところまで開いてエレメントを作ります．他方のフィーダになる側は1cmほど被覆をむいておきます．エレメントの両端にはビニルのひもを結んでおき，立木や適当な支持物に固定します．これで，3.6mの両側のエレメントと平行フィーダを持つダイポール・アンテナができました．理論的に，フィーダは1/2波長ですので7.2mになるはずですが，線間容量が大きいので8.6mくらいで切るようにします．300ΩのVHF用フィーダなどが入手できれば理論どおりの数字になるでしょう．

　この状態で，可能ならディップ・メータなどで共振周波数を調べ，目的の周波数に合わせておきます．

　このフィーダは平衡（balanced）ですが，リグの出力のMやBNCのコネクタは片側が接地された不平衡（unbalanced）ですから，平衡≠不平衡を合わせるためにバランという高周波トランスを使います．

　市販品もありますが，コアを入手して自作で作ることも簡単にできます．

　M型またはBNC型のコネクタにバラン(注1)を取り付け，その先にミノムシ・クリップを付けて，アンテナ・フィーダの両端を挟むと運用可能です．一般的なダイポールはエレメントと同軸ケーブルの間にバランを付けますが，ここではフィーダとリグの間に入れます．

　かんたんダイポールは21MHz用で説明しました．もちろん寸法を3倍して7MHz用にもできますが，フィーダが25m以上になるのでかんたんとは言いにくいものになります．チューナを使ってフィーダを短めにするのがよいでしょう．

（JA8IRQ　福島　誠）

(注1)　写真のものは，かつて寺子屋キットとして販売していたもの
　　　大進無線（https://www.ddd-daishin.co.jp）の「KIT-DB-50QRP」（税抜き1,200円）が同様に使える．

QRP入門ハンドブック　91

3-7 マルチバンドでクイックQSY可能なG5RV型アンテナ

ダイポールなどの水平系アンテナは，高打ち上げ角成分が多いため，QSBの少ない安定した国内交信を行うことができます．ここでは，エレメント長を多少ラフに作っても問題なく動作し，クイックQSYできるG5RV型アンテナをご紹介します．

便利なマルチバンド・アンテナG5RV

G5RVは，3.5MHz以上のHF帯で使用できるマルチバンド・アンテナです．欧米ではポピュラなワイヤ・アンテナの一つのようで，詳細な解説のWebサイトや市販アンテナがあります．

このアンテナのポイントは，同調型フィーダ（いわゆるはしごフィーダ）[10.34m(34ft)]とエレメント[片側15.6m(51ft)]の組み合わせにより，フィーダの下端が，3.5MHz，7MHz，14MHzなどで電圧給電にならない点です（**図3-7-1**）．これを20m以上の長さの同軸ケーブルでチューナにつなぎ合わせて使用します．

QRP移動運用のG5RV型アンテナの製作

私は，チューナ使用を前提に，**図3-7-2**のようなアンテナを作りました．エレメント長は片側15m，同調型フィーダとしてTV用の300Ωリボン・フィーダを10m用い，コモンモード・チョークを介してそのままチューナにつなぎ合わせています．

写真3-7-1は私のG5RV型アンテナの給電点（エレメントとリボン・フィーダの接続点）です．2mm厚のアクリル板を5cm×2cmにカットし，グラス竿への取り付け穴（ひもを通す穴）とエレメント・フィーダ固定用のネジ穴（3mm）をあけました．

図3-7-1 G5RVアンテナ（LuxorionのWebサイトより）．ダイナミックハムシリーズ「ワイヤーアンテナ」（CQ出版社）に簡単な説明がある．詳細はLuxorionのWebサイトを

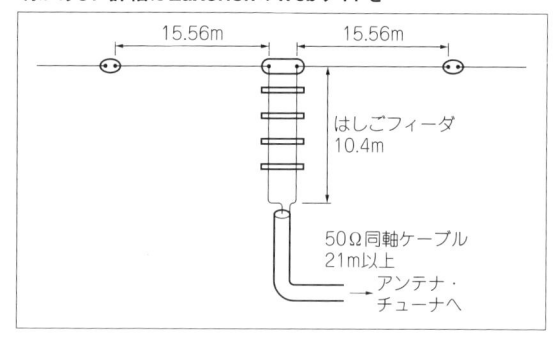

図3-7-2 筆者のG5RV型アンテナ

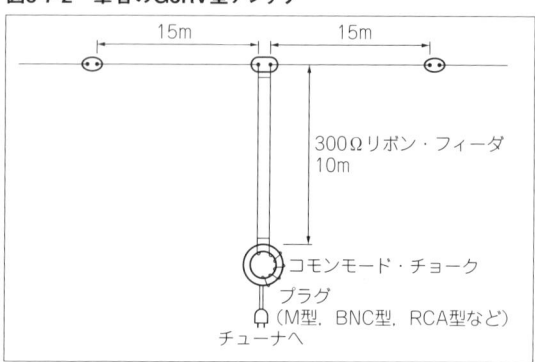

写真3-7-1 給電点．アクリル板（5cm×2cm）にリボン・フィーダの卵ラグをネジ止め．フィーダは付けっぱなしで，撤収の際も取り外す必要はない．蝶ナットはエレメント取り付け用

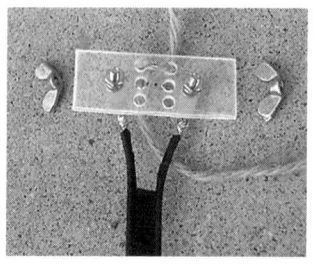

エレメントは20芯程度のビニル被覆より線を15m（2本）．これは長めの束を共同購入して分け合うのが安上がりでしょう．長さの精度はそれなりで大丈夫．2本の長さがそろっていればOKで，多少の誤差はチューナが吸収してくれます．

第3章 技術編

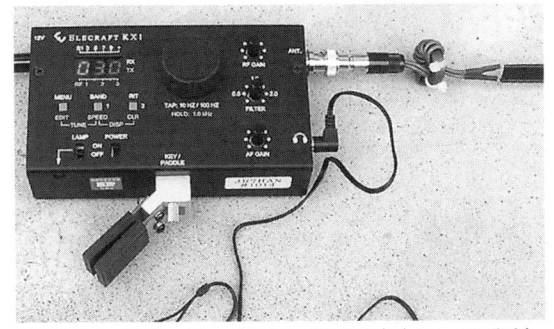

写真3-7-2 リボン・フィーダ下端．6回巻き（バイファイラ巻き）のコモンモード・チョークでリグに接続

写真3-7-3 エレメント先端．エレメント線はアクリル板（2cm×1cm）に笛巻き（注：エレメント線が外れなければよいので，自分でやれる結び方でOK）．反対側は麻ひもで引っ張っている

表3-7-1 G5RV型アンテナ製作材料一覧

アクリル板	給電点用（5cm×2cm×2mm）×1枚，エレメント先端用（2cm×1cm×2mm）×2枚
エレメント線	エレメント線15m×2本（20芯程度）
フィーダ線	300Ωリボン・フィーダ10m長×1本
ネジ類	3mmボルト（10〜15mm長）×2本，3mm六角ナット×2個，3mm蝶ナット×2個（移動運用時は予備を2個〜4個を持参のこと），卵ラグ（または圧着端子）×4個
コモンモード・チョーク	FT-82-77（またはFT-82-43）コア×1個，電話配線用平行ビニル線など50cm長×1本，タイラップ×2個，熱収縮チューブ（少々）
プラグ	RCA型，M型，BNC型など×1個
エレメント展開用ひも	麻ひもなど（5m〜10m長×4本分程度）

　エレメント先端には卵ラグを付けてありますが，代わりに圧着端子でもよいでしょう．

　リボン・フィーダ（10m長）の先端にも卵ラグをはんだ付け．これを，エレメント取り付け用ネジで，エレメントとは反対側のアクリル板に固定します．こちらはアクリル板に付けたままです（**写真3-7-1**）．

　リボン・フィーダの速度係数は，はしごフィーダの0.90より小さい0.82と言われています．したがって，本来であれば8.5m長とすべきですが，10m長グラス竿を支柱にしたときの設営を考えて，10m長としました．その関係上，エレメントを本来の長さより若干短くしてあります（これは気休めかもしれません，hi）．

　写真3-7-2はリボン・フィーダの下端（チューナ側）です．コモンモード・チョークはFT-82-77コア（FT-82-43でもOK）にバイファイラ巻きで6回巻きです．このチョークは入れなくても動作しますが，コモンモード電流のキャンセルのために入れておいた方がよいでしょう．プラグはRCAを使っていますが，BNCやM型などお気に入りの物でOKです．

　写真3-7-3はエレメント先端です．アクリル板を2cm×1cmにカットし，エレメントの穴と展開用ひもの穴（3mm）をあけました．私の場合，1.9MHz用延長エレメント接続用にギボシを付けてありますが，なくても問題ありません．

　本アンテナの製作材料一覧を**表3-7-1**にまとめました．

移動運用時の設営方法

① 最初に，ポール（グラス竿）を適当な杭やフェンスなどに固定する．

　垂直系アンテナと違い，金属製のフェンスでも問題ありません．適当な杭などがない場合は自転車を倒してハンドルに取り付けましょう（**写真3-7-4**）．

② 竿の先端から下の適当な硬さになる部分に給電点を縛り付ける（**写真3-7-5**）．

　私は麻ひもで一度蝶結びにし，その上から，衣

QRP入門ハンドブック 93

類用ゴムひも（パンツのゴム）を約20cmに切った
ものでもう一度蝶結び．これで，間違ってリボン・
フィーダを引っ張っても落ちない強度で固定でき
ます．麻ひもの先端は接着剤で固めておくと，繊
維がばらけず便利．

③ エレメント線を給電点に取り付ける（**写真3-7-5**）．

　毎回，蝶ナットで取り付けます．寒くて手の自
由が利かないときにナットを落としてなくさない
ようにしましょう．私は予備の蝶ナットを何個か
持ち歩いています．片側を取り付けたら，エレメ
ント線を地上に引き伸ばし，その後，反対側に移
ります．なお，エレメント線は段ボールなどに巻
き付けておくと，持ち運びに便利（**写真3-7-6**）．

④ エレメントの引き伸ばしが終わったら，竿を
　　引き上げる．

　このとき，フィーダが風でばたつかないよう，
竿にゴムひも（15〜20cm程度）で蝶結び．竿を引
き上げながら，上部，中部，下部の3〜4カ所程度
結んでおけばOK（**写真3-7-7**）．これをやってお
かないと，急に風が出てきたときにフィーダ線がば
たついて，給電点が切れてしまうことがあります．
私はこれで一度痛い目に遭いました．

⑤ 最後に，エレメント先端を適当な場所にひも
　　で結わえて固定する．

　このとき，エレメントが金属物に接触しないよ
う方向を選びましょう．私は「ふた結び（Two Half

写真3-7-4　自転車のハンドルに取り付けたグラス竿．適当な杭などがないときはこんな方法も

写真3-7-5　最初に給電点をグラス竿に取り付ける．麻ひもとゴムひも（約20cm長）で蝶結び．次にエレメント線を給電点に取り付ける．片側を取り付けたら，エレメント線を引き伸ばし，反対側も取り付ける

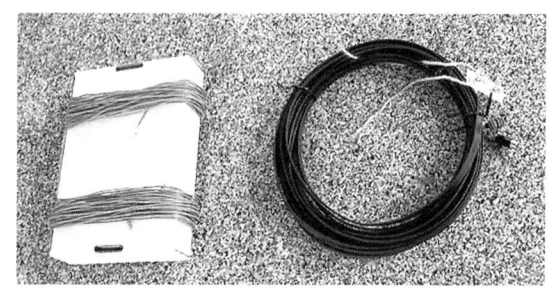

写真3-7-6　エレメントやフィーダは，このようにまとめておくと，持ち運びに便利

写真3-7-7　エレメント線を左右に引き伸ばしたら，グラス竿を上に伸ばす．このとき，フィーダをグラス竿に3〜4カ所程度ゴムひもで結わえる（蝶結び）．これで，風でフィーダがばたつかないので給電部で切れるおそれが減る

図3-7-3 ひもの結び方(ふた結び:Two Half Hitch). 結び目の位置を自由に動かせるので, 長さ調節が簡単にできる

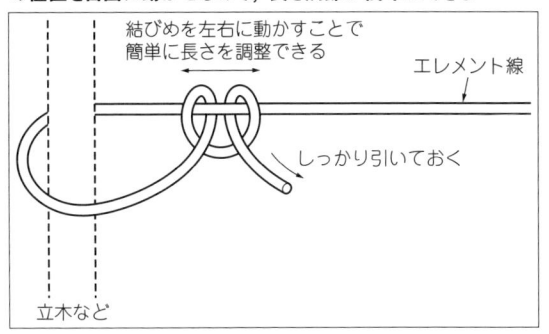

表3-7-2 移動運用時所持品の例

リグ関係	リグ, チューナ, イヤホン(ヘッドホン), マイク, 電鍵(パドル)
アンテナ関係	エレメント線, リボン・フィーダ(給電点付き), 麻ひも(5～10m長×4本程度), ゴムひも(15～20cm)×5本程度, ペグ×2本
ポール関係	5～10m長グラス竿×1本, 自転車荷台用ゴムひも×1～2本
同軸ケーブル	5m～10m級×1～2本(3D-2Vなど)
電源関係	バッテリ(エネループ×10本など), 太陽電池パネル(定格250mA×1枚など)など
ログ・免許類	ログ帳, 筆記具, 時計, 従事者免許証
その他	工具類(ドライバ, レンチ, ワニ口ケーブルなど), テスタ, 軍手, 敷物, 帽子, 飲み物, お弁当(おやつ), 雨具など

Hitch)」と呼ばれる結び方をしています(**図3-7-3**). この方法だと, 結び目を自由にずらして長さの調整が簡単にできるため, 張り具合を簡単に調整できます. その上, 取り外しも簡単で大変便利.

⑥ 先端を結ぶのに適当な立木や杭などがない場合は, テント用のペグを使うと便利.

私は100円ショップで買った物を2本持ち歩いており, 必要に応じて足で地面に踏みつけて固定しています.

⑦ 設営後の全景は**写真3-7-8**のとおり. このときの所持品の例は**表3-7-2**のとおり.

リグへの接続と調整

リグへはリボン・フィーダをコモンモード・チョークを介して直接つなぎ込んでいます(**写真3-7-2**). 長さが不足する場合は, 同軸ケーブルで延長すればOK.

調整はチューナで整合を取ればおしまいで, WARCバンドでも使えます. なお, KX1内蔵チューナで3.5MHzを整合させるには1:4のトランスでインピーダンスを上げてやる必要があります. また, 延長エレメントをつなぐことにより, 1.9MHzでも使用できます. 詳しくは筆者のWebサイトをご参照ください.

写真3-7-8 設営完了. このときのグラス竿は7m長. 7MHz CW 出力3WでJA5から599のレポートをもらうことができた

G5RV型アンテナは, きちんと調整されたモノバンドのダイポール・アンテナにはかないませんが, クイックQSY可能という点が大変便利なマルチバンド・アンテナです. 放射効率も高く, 国内交信であれば十分な強さの信号を送り込むことができます. 皆さんもぜひお試しください.

(JR7HAN 花野 峰行)

【参考情報】
- 岩倉 襄(JA1LZR)G5RVアンテナ, ワイヤーアンテナ, CQ出版社.
- G5RVの詳細Webサイト
  http://www.astrosurf.com/luxorion/qsl-g5rv.htm
- 筆者(JR7HAN)Webサイト http://hanano.jp/

3-8　7MHz VCHアンテナの製作

筆者はサイクリングの傍ら移動運用を行っています．景色の良いロケーションでの移動運用は格別な楽しみとなっております．

無線機や電源，アンテナなどをリュックサック一つに詰め込むので，重たい装備は持ち歩けません．限られた装備の中で多くの交信をするためには，小さくて軽い，飛びの良いアンテナが欲しくなります．こんな目的にピッタリなのがJP6VCH松木OMが発表したVCHアンテナです．

VCHアンテナの概要

図3-8-1をご覧ください．上エレメントと短縮コイルまでを1/4波長に同調させ，さらにコイル下から地上に置かれたエレメントの先端までを1/4波長に同調させて，その途中から給電します．全体として1/2波長に共振し，中央から離れて給電した垂直系センターオフフェッド・アンテナです．

電波は電流腹に当たる1/4波長付近から強く輻射されると言われています．これはコイル付近が1/4波長になるので，釣り竿で高い位置に持ち上げることで周囲の環境や人体の影響を受けにくくなるので，効率良く電波を飛ばそうという発想からできたアンテナです．上側1/4λをコイルで短縮することでコイル直下のインピーダンスが小さくなり，給電部が50Ωになるところがミソです．

7MHz VCHアンテナの構造

図3-8-2に構造を示します．上からトップ・エレメント(1.4m)，延長コイル，ミドル・エレメント(3.4m)，グラウンド・エレメント(5.2m)で，四つのパートからできています．

ミドル・エレメントとグラウンド・エレメントの間から給電しますが，給電インピーダンスは50Ωで基本的に送信機に直結する構造です．給電点がアンバランスのために，同軸ケーブルで引き回すと同軸ケーブルに電波が乗ってしまい正常に動作しなくなるので注意してください．どうしても同軸ケーブルを使う場合は，なるべく短く(2m以

図3-8-1　VCHアンテナの動作

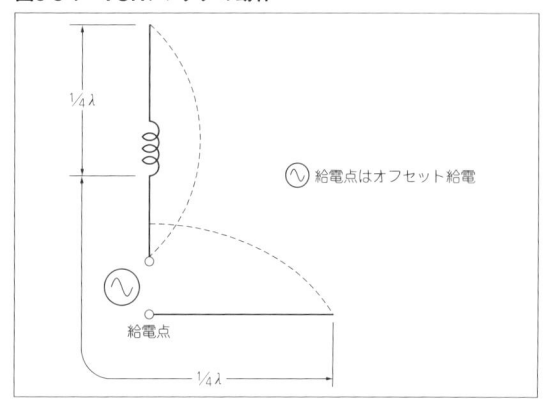

図3-8-2　VCHアンテナの構造

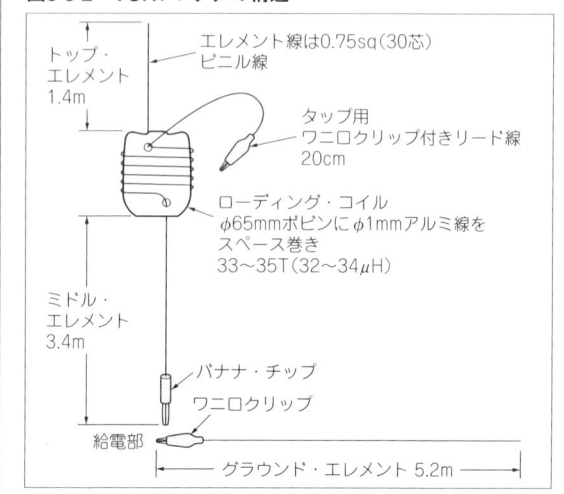

下）して給電部にコモンモード・バランを入れるなどの対策が必要です．

なお，地面に這わせたグラウンド・エレメントは，1/4λの垂直アンテナやLWのラジアルとよく間違えられますが，地面に置いたエレメントで，ラジアルではありません．

コイルにより全長を短縮した垂直の釣り竿アンテナなので，Vertical Coil Halfwaveアンテナと松木さんのサフィックスにちなんでVCHアンテナと，（実は筆者の提案で）命名されました．特徴としては，構造がシンプルで，軽量・コンパクトです．そのため展開・撤収が簡単で，展開する場所を選ばずに山頂などでも運用ができます．電流腹を高い位置に設定できるので効率が良く，コイルのタップを選べばマルチバンド（7～14MHz）にも対応できます．

製　作

まず，ポールとなるグラス製の釣り竿を用意します．カーボン製は導通があるのでポールとしては適しません．仕舞寸法が50cm以下で全長が4～5mほどがリュックサックでの持ち運びに便利です．

図3-8-2に示した三つのエレメントを指定の長さに切り，コイルと組み合わせるだけなのでとても簡単な構造です．エレメントには0.75sqのビニル被覆線を用いました．

トップ・エレメントとコイルのタップの切り替え用のわに口クリップを取り付けた，20cmほどのリード線をコイルの上側にはんだ付けします．ミドル・エレメントはコイルと反対側にはんだ付けし，給電部にはバナナチップをはんだ付けしました．SWR計やリグのアンテナ・コネクタM型の芯線側に差し込む構造にしました．グラウンド・エレメントは両側にわに口クリップを取り付けてあります．給電部側はMコネクタのアース側を挟みます．給電部の接続は自分のやりやすい方法で行ってください．

コイルの作り方

さて，コイルの製作です．今回はコイルのボビンとして500mlのペットボトルを使用しました．いろいろな形状のペットボトルがありますが，筒状のものを探してください．筆者はコンビニの炭酸水の容器を使いました．容器が薄くて強度不足が心配でしたが，アルミ線を巻くとしっかりして特に問題ありませんでした（**写真3-8-1**）．

図3-8-3にコイルの構造を示します．アルミ線の巻始めと巻き終わりは，はんだ付けできるように圧着スリーブを取り付けます．なお，アルミ線にはコーティングされて導通してないものもあります．そのときは絶縁をはがしてから圧着スリーブを取り付けます．

ペットボトルの底に釣り竿を通す穴を開けますが，トップ・エレメントを釣り竿に取り付けた先端から140cmほどで止まる大きさの穴です．筆者の場合，1cmほどでした．

写真3-8-1　VCHアンテナのコイル製作

図3-8-3 VCHアンテナのコイルの作り方

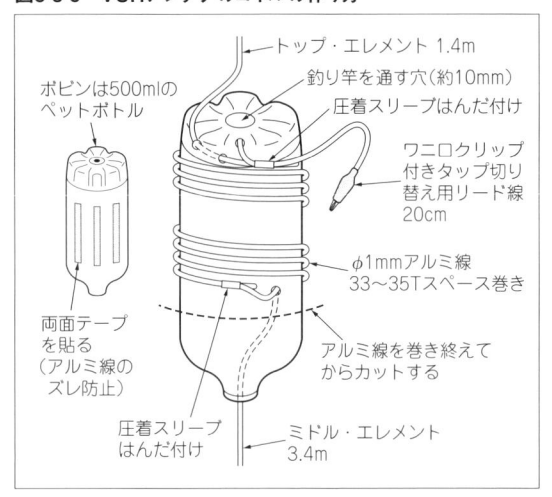

- ボビンは500mlのペットボトル
- トップ・エレメント 1.4m
- 釣り竿を通す穴(約10mm)
- 圧着スリーブはんだ付け
- ワニ口クリップ付きタップ切り替え用リード線 20cm
- φ1mmアルミ線 33～35Tスペース巻き
- 両面テープを貼る(アルミ線のズレ防止)
- アルミ線を巻き終えてからカットする
- 圧着スリーブはんだ付け
- ミドル・エレメント 3.4m

ペットボトルの底側からアルミ線を巻いていきますが，5mm幅の両面テープを縦に4～5本貼っておくだけでずれにくくなります．自在ブッシュやビーズタイを使うと，スペースが一定となり奇麗に巻けるので利用してもよいでしょう．

アルミ線は1mm程度のものを使いました．長さは8mほど必要です．およそ2mmピッチで巻いていきます．33～36回巻いたらアルミ線をカットし，圧着端子を取り付けてセロハン・テープで仮止めします．巻き終わりの端から1～2cmの余裕をとり，カッターナイフなどで不要な部分を切り落とします．切り口はビニル・テープなどで補強しておくとよいでしょう．切ってからコイルを巻こうとしても強度不足で巻きにくくなるので，カットするのはコイルができあがってからです．ピッチが広すぎると33回巻けなくなりますので，慎重かつ丁寧に巻いていきましょう．筆者は最初30回巻きましたが，インダクタンスが不足し，7.5MHz止まりで7MHz帯まで下がりませんでした．巻き数を多めにしてタップで調整する方法が共振周波数を見つけやすいでしょう．最後にアルミ線のピッチをそろえて，両面テープを貼った部分の上にエポキシ系の接着剤で固定すれば完成です(**写真3-8-2**)．

調 整

公園などの広い所で実際の運用を想定して行うのがよいでしょう(**写真3-8-4**)．7MHzの目的の周波数にコイルのタップ調節で共振させるというのがポイントです．給電部にアナライザを直結して，コイルのタップを目的の周波数に合わせればOKです．

筆者の場合，31Tで7.110MHz，32Tでは6.98MHzに共振しました．1Tで約100kHzの変化があるよ

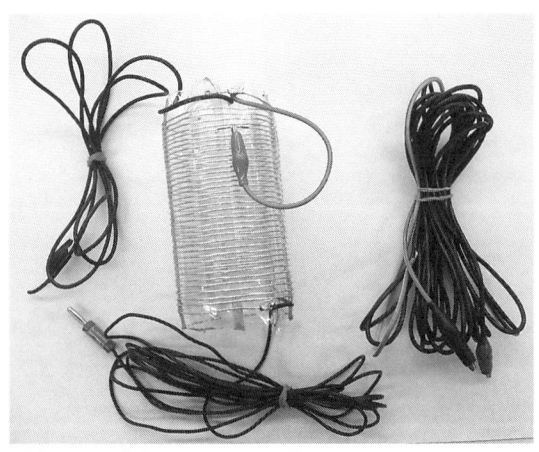

写真3-8-2 完成したVCHアンテナ

写真3-8-3 VCHアンテナの各エレメントを収納した様子

第3章　技術編

写真3-8-4（左）　写真3-8-5（右）　VCHアンテナによる移動運用風景

図3-8-4　VCHアンテナの調整の仕方

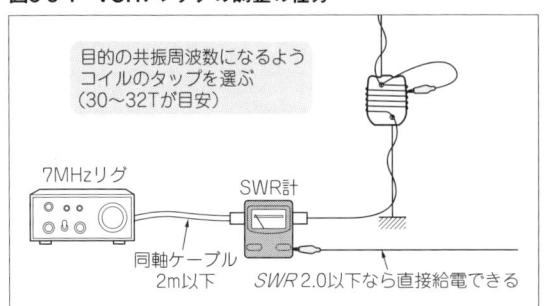

目的の共振周波数になるよう
コイルのタップを選ぶ
（30～32Tが目安）

7MHzリグ　SWR計

同軸ケーブル
2m以下　SWR 2.0以下なら直接給電できる

図3-8-6　VCHアンテナのアンテナ・カップラ回路

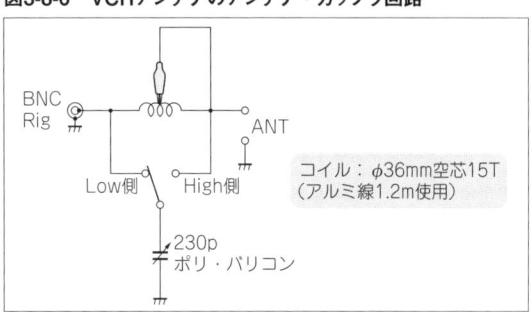

BNC
Rig　　　　　　　　　　ANT

コイル：φ36mm空芯15T
（アルミ線1.2m使用）

Low側　　High側

230p
ポリ・バリコン

図3-8-5　VCHアンテナのSWR特性

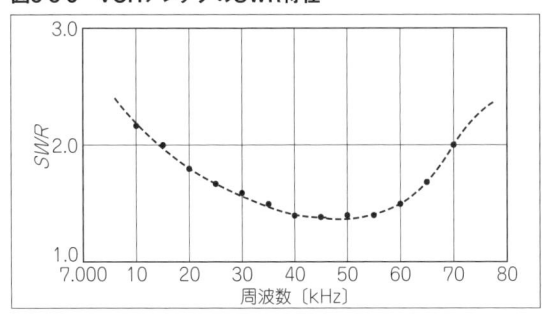

（グラフ：横軸 周波数〔kHz〕7.000 + 10～80、縦軸 SWR 1.0～3.0）

うです．
　SWR計だけで調整するときは，なるべく短い同軸ケーブル（2m以下）を用いて送信機と接続します．このとき，送信機の出力は1W程度に抑え

ます．SWRが悪いときにパワーが大きいとファイナルを壊すことがあるので注意が必要です．コイルのタップでSWRが2以下になれば良しとします．**図3-8-4**は調整方法，**図3-8-5**は測定結果です．実際はロケーションやグラウンド・エレメントの引き回し方によって共振周波数が多少ズレます．
　また，コイルのタップでマッチングを取り直してもSWRが2以下に下がりにくい場合もあります．慣れればSWR計だけで直接給電ができますが，アンテナ・カップラを使って共振周波数のズレを補正すると便利です．**図3-8-6**は筆者の使っているカップラの回路図です．　　（JF1RNR 今井 栄）

3-9　ポケット・バーチカルの製作

筆者はQRPでARRLフィールドデー(**写真3-9-1**,**写真3-9-2**)に毎年参加しており，その移動運用用に，持ち運びや設置が簡単で安価なアンテナを自作しましたので紹介します．タイトルの「ポケット・バーチカル」は，畳むとポケットにも入るほど小さい垂直アンテナの意で筆者が名付けました．

本アンテナはモノバンドの垂直アンテナで，下記の利点があります．

① 製作が簡単．
② ビニル銅線を使っているので，小さく丸めてポケットや箱に入れられ，移動運搬が簡単．
③ 調整を一度行えば，移動/設置後に再調整せずにそのままオン・エア可能(ただし，設置場所には注意が必要)．
④ 材料費が安価．

製作方法

● ローディング・コイルの製作

ローディング・コイル(**写真3-9-3**)は，MMANAアンテナ・プログラムで計算の結果，40mバンド用に36μH，30/20/15mの3バンド用に8μHの，計2個で40m～15mバンドまでカバーできることが分かり，セットとして自作しました．作り方の詳細は，筆者のブログ，「自作コイル」**https://ve3cgc.wordpress.com/2009/10/** に書いてありますので参考にしてください．

写真3-9-1　2013年のフィールドデーに20mバンドで参戦時のポケット・バーチカル

写真3-9-2　2014年のフィールドデーに20mバンドで参戦時のポケット・バーチカル

実験用
FT114-43
40m … 36μH
30/20/15m … 7μH

30/20/15m … 8μH

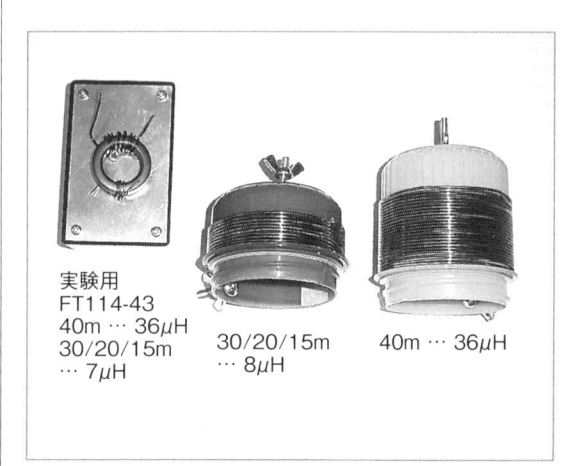

40m … 36μH

写真3-9-3　ローディング・コイル

第3章　技術編

表3-9-1　ポケット・バーチカルのバンド別寸法

バンド	7MHz帯	10MHz帯	14MHz帯	21MHz帯	備考
設計周波数(f=MHz)	7.03	10.11	14.05	21.05	
$L = 1/4\lambda$(m)	10.67	7.42	5.34	3.56	75/f
短縮率 VF=95%	0.95	0.95	0.95	0.95	
L'=短縮率含む$1/4\lambda$(m)	10.14	7.05	5.07	3.38	(75/f)*VF
調整エレメント(m)	2.53	1.76	1.26	0.85	0.25×L'
主エレメント(m)	4.05	2.82	2.03	1.35	0.4×L'
カウンターポイズ(m)	6.08	4.23	3.04	2.03	0.6×L'
ローディング・コイル(μH)	36	8	8	8	
調整後の調整エレメント(cm)	124.5	195	105	28.5	

コイルの銅線は，手元にあったAWG16番線（直径1.3mm）を使いました．筆者はカナダの田舎町に住んでいますので，材料，部品類をそろえるのが大変です．コイルのボビンは洗剤のふたを利用しましたが，日本では食品の容器やふたなどいろいろ利用できるので各自アイデアを出して自作してください．ボビンにはウィング・ナットを取り付けて，エレメントとの着脱が簡単にできるようにしました．

筆者の場合，LCメータで出来上がったコイルの容量を測りましたが，正確にコイルのインダクタンスを測れなくても，近ければ実用になります．

● 製作手順

製作図面を図3-9-1に，バンドごとのエレメント長を表3-9-1に示します．アンテナの材料はビニル線で十分です．安価に手に入り，どこでも売っています．

① まず自作アンテナの周波数を決めます．図3-9-1の例ではf＝7.050MHzとしました．

② 表3-9-1にあるように，調整エレメントの長さ，主エレメントの長さ，カウンターポイズの長さを計算し，銅線を計算寸法に切ります．

③ アンテナを図3-9-1に示すように組み，木や約5mの釣り竿グラスロッドなどを利用して周りに建物，塀，ワイヤ・フェンスなどがない場所に設置します（写真3-9-4）．

次ページの写真3-9-5に示すバラン（お店で買える1：1バラン）を地上に置けるように調整エレメントを釣り下げます．カウンターポイズを置く場所は芝生，コンクリート，土のどこでもかまいません．

● 調　整

調整にはアンテナ・アナライザ（MFJ-259B）を使用しました．まずSWR最少値の周波数を測り，それが目的とする周波数より低いときは調整エ

図3-9-1　ポケット・バーチカルの製作図

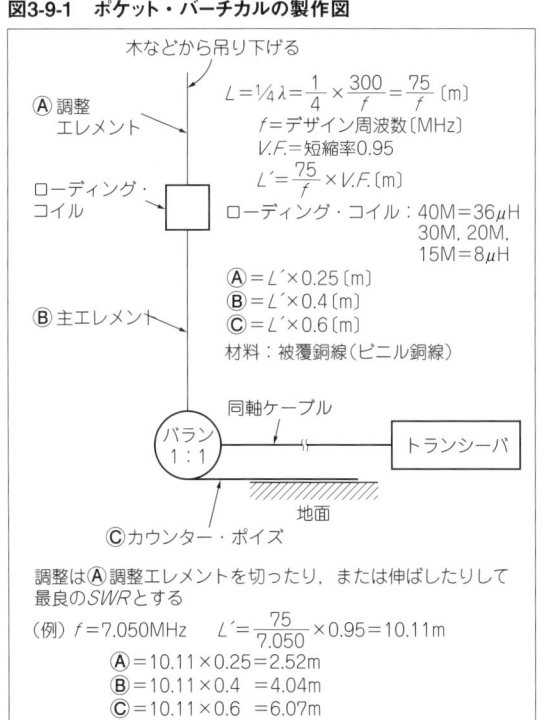

Ⓐ調整エレメント
ローディング・コイル
Ⓑ主エレメント
木などから吊り下げる

$L = 1/4\lambda = \frac{1}{4} \times \frac{300}{f} = \frac{75}{f}$ [m]
f＝デザイン周波数[MHz]
V.F.＝短縮率0.95
$L' = \frac{75}{f} \times V.F.$ [m]
ローディング・コイル：40M＝36μH
30M, 20M, 15M＝8μH

Ⓐ＝$L' \times 0.25$ [m]
Ⓑ＝$L' \times 0.4$ [m]
Ⓒ＝$L' \times 0.6$ [m]
材料：被覆銅線（ビニル銅線）

同軸ケーブル
バラン1：1 ─ トランシーバ
地面
Ⓒカウンター・ポイズ

調整はⒶ調整エレメントを切ったり，または伸ばしたりして最良のSWRとする

（例）f＝7.050MHz　$L' = \frac{75}{7.050} \times 0.95 = 10.11$m

Ⓐ＝10.11×0.25＝2.52m
Ⓑ＝10.11×0.4　＝4.04m
Ⓒ＝10.11×0.6　＝6.07m

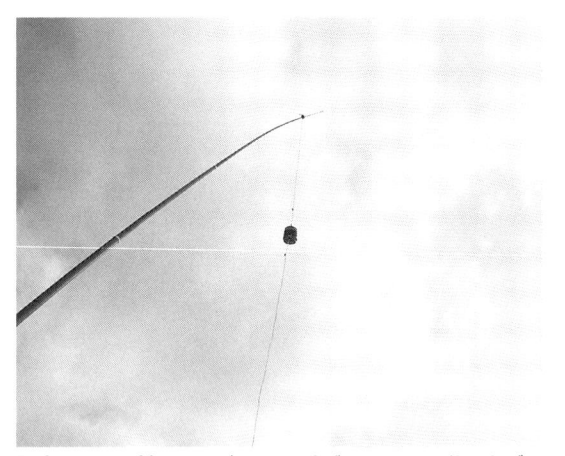

写真3-9-4 ポケット・バーチカルをグラスロッドで釣り上げた様子

写真3-9-5 ポケット・バーチカルのバラン

レメントを切って短くし，逆に高いときは調整エレメントを足し，長くして目的とする周波数でSWRが最少となるよう，調整します．

このアンテナ調整時の状態を再現すれば，移動運用地でもそのときのSWR値が得られますが，もしSWR値が下がらない場合は，カウンターポイズの位置を変えて下がる位置を見つけます．

筆者は，調整後のテストQSOをW1WYN（40m，RST 569），W5AG（20m，RST 579），W1EBM（30m，RST 539）と行いました．

このアンテナは，移動運用ばかりではなくアンテナを設置しにくいアパートにいる方でも使用できるでしょう．まだ実験中ですが，トロイダル・コア（FT114-43）を使ってコイルを作る手もあります．

コメント

2013年のARRLフィールドデーはコンディションが良くて，QRP CWで参戦し計14局，一番遠い局はテキサス州南部の局でした．2014年/2015年はコンディションが悪くて，相手局がなかなかつかまりませんでしたが，それでもQRPで十分に交信が楽しめました．毎回，初日の夕食はバーベキューが用意され，仲間と一緒にハンバーグを食べ，私にとっては1年のうちで最もビッグな日（Big Day）となります．2016年も参戦する予定で，どのアンテナを使うか今から考えています．20mバンドより，40mバンドの方がいいかもしれません．

（VE3CGC 林 寛義）

表3-9-2 ポケット・バーチカルの調整結果

周波数 MHz	7	7.025	7.04	7.05	7.06
SWR	1.4	1.6	1.7	1.8	2.1
周波数 MHz	10.101	10.11	10.12	10.132	10.148
SWR	1.5	1.5	1.5	1.5	1.5
周波数 MHz	14	14.033	14.05	14.077	
SWR	1.7	1.6	1.7	1.7	
周波数 MHz	21.001	21.048	21.076	21.101	21.125
SWR	1.7	1.5	1.5	1.5	1.6

【参考文献】
1. "All about vertical antennas" by W.I.Orr and S.D.Cowan, Radio Publications Inc.
2. "The radio amateur's HANDBOOK" by ARRL, 1982.

3-10　QRP運用や自作に役立つ簡単な測定器，アクセサリー

新品のメーカー製トランシーバやアンテナを購入したとしても，ケーブルをつないでそのまま電波を出せばよいわけではありません．ましてや，QRPでは少ないパワーを的確に送り出すことが必要です．今回は，そのためにあると便利な測定器について簡単に紹介します．小電力，50MHz帯以下であれば自作も思ったより簡単であり，インターネットを通じて内外から多様なキットを選ぶこともできます．

測定器の自作に課題があるとすれば値の精度・確度，すなわち校正でしょう．ですが，アマチュア無線で出力を測る際に，その測定値が3Wなのか3.1Wなのかを気にすることにあまり意味はありません．電波法でも上限20%が許容されています（10W免許で12W出してよいと言っているのではありません）が，これはアマチュアの技術的限界に対するありがたい配慮であると思えます．ただし，周波数に関しては絶対値が重要です．オフバンドは決して許されませんから，信頼できる測定器がない場合は極端なバンドエッジでの運用は避けるべきです．

QSOのために

まず，トランシーバやアンテナは用意できていて，いよいよQSOしようとする際に必要となる測定器から案内します．ただでさえ出力の少ないQRPなので，ロスなく運用したいものです．

図3-10-1　SWRメータ
1982年にQSTに発表されたもの．国内各局による製作例がWeb上で紹介されている

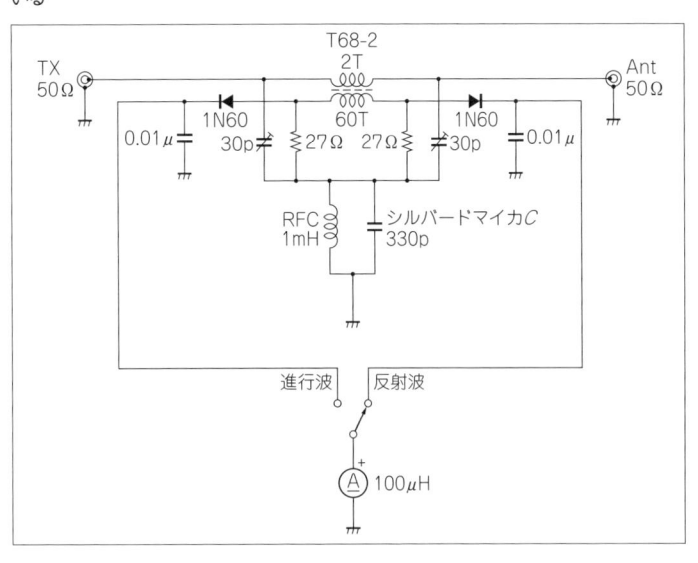

◆ SWRメータ

送信機から実際に出力がなされ，それが一定の効率でアンテナから輻射されていることを確認できるのがSWRメータです．SWRが3であった場合，貴重な出力の50%がアンテナから跳ね返ってきてしまいます．設置や接続が不安定な移動運用の場合などは運用途中で断線ということもあり得るので，メータの振れを常時モニタできることはそれだけでも安心材料です．SWRメータは，進行波と反射波のピックアップにトロイダル・コアを用いれば簡単に製作ができます（**図3-10-1**）．

このままでもHFはもちろん50MHz，うまく作れば144MHzくらいまで使えます．一番高価な部品はアナログ式のメータでしょう．国産の電流計は新品で2,000円ほどしますが，ここはジャンクのラジケータで十分です．百円ショップで手に入

るバッテリ・チェッカのメータの流用も試みましたが，これは感度が悪く(実測では4mAほど)機械的なダンパーもないので，残念ながら実用には向いていません．進行波と反射波，それぞれの監視のために一つのメータをスイッチで切り替えるのも合理的ですが，安いメータが二つ手に入るのなら，ぜひとも独立にすべきです．調子に乗ってQRVしているうちに，アンテナ線が外れてSWRが急に悪化したことに気付かないなどの事態を避けられます．

さすがにQRPpだと進行波でフルスケールを得ることは難しくなります．ピックアップの後段にOPアンプで増幅回路を付加することで感度を向上させてみましょう(**図3-10-2**)．どうせ電池とアンプを用いるならということで，ここではピークホールド機能を追加しています．

50Ωでのマッチングを確認するだけであれば，ブリッジの原理とLEDを利用した**図3-10-3**の回路も，小型で壊れる部品もないため移動運用などには便利です．キャリアを出しながらエレメント長やチューナ(後述)を調整してLEDが消灯すればOK．回路を外して運用開始です．

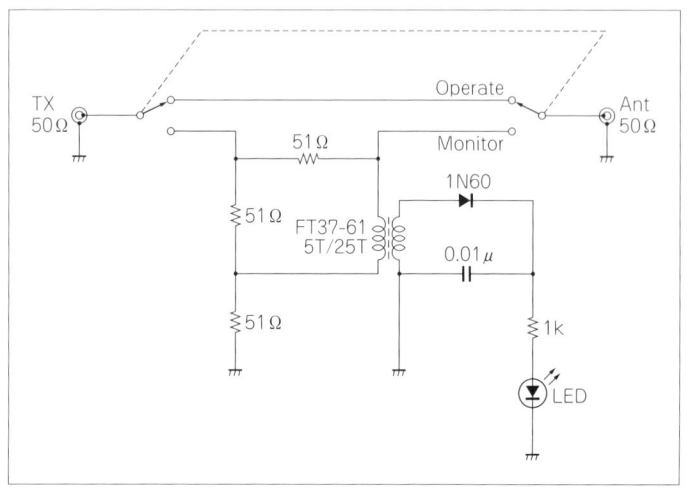

◆ アンテナ・チューナ

測定器ではありませんが，アンテナの不整合を吸収するために活躍するもので，ロング・ワイヤなど接地型のアンテナには不可欠です．最近のメーカー製機器には内蔵されている場合も多いようですが，送信機側ではなくアンテナ直下に置くのが理想です．大電力の場合は高耐圧のバリコンの入手が困難(というより高価)ですがQRPではそれも回避されます．ラジオ用のポリ・バリコンであっても数Wの運用であればOK(だそうです．私のはエア・バリコンですが… hi)．

CW運用に熱心なA1 Clubで紹介されている，ポリ・バリコンのチューナと前述のブリッジを組み合わせたタイプは完成度も高く，多くの局からFBな使用レポートが寄せられています(**参考文献2**)．

バリコンではなくスイッチと固定

図3-10-2 SWRメータの感度向上
オペアンプによりQRPpへの対応を図ったついでに，8pinのデバイスにユニットが二つ入っていることを活用してピークホールド機能を設けることができる

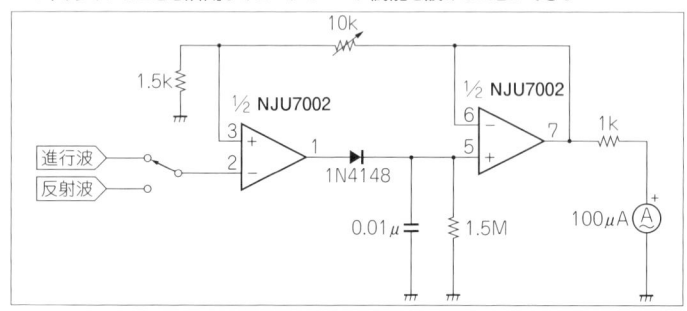

図3-10-3 LEDとブリッジを用いたマッチング・モニタ
50Ωに整合できるとブリッジでの平衡が成立しLEDが消灯する．高輝度型のLEDを用いることでQRPでも十分実用になる

コンデンサを複数組み合わせる方法も紹介しておきましょう(**図3-10-4**).いわゆるオート・アンテナ・チューナ(ATU)はこの方式で,スイッチの代わりとなる多数のリレーをCPUで高速にオン/オフして最適値をセットしてくれます.人力でパチパチと切り替える方法は一見面倒そうですが,設定をメモしておけば次回からはバンドを切り替えても100111…など前回どおりにセットすればよく,ダイヤルを回しながらチューニングするよりも簡単で,うっかり何かに触れてダイヤルがずれることもないため移動運用には向きそうです.

◆ 終端型電力計

誰しも実際に出力が何W出ているのかは気になりますが,簡単に電力を測定する方法が**図3-10-5**です.整流後の電圧を測定することで50Ωのダミーロードで消費される電力を求めます.$P=E*I=E*E/R$,すなわち電力(W)=電圧(V)×電圧(V)/50(Ω)です.ここには絶対値が必要なので,メータの校正を行わねばなりません.手元に高周波用の測定機器がないことが出発点ですから,ここは50(60)HzのAC電源を活用するとして,100Vから6V程度のとれるトランスとテスタを用意してください.暫定的に整流後のコンデンサを容量の大きな電解コンデンサに交換します(例えば10μF).測定端子にトランスからの低圧ACを与え,入力電圧に対応する電力計算値をメータの目盛りに記せばOKです.入力がAC 6Vであればメータは0.72Wを示すこととなります.入力を抵抗で分

図3-10-4 デジタル型アンテナ・チューナ
バリコンの代わりに,コイルと固定コンデンサの組み合わせをスイッチで選択することで任意のバンドでの整合を取るもの.スイッチをCPUで高速に最適化したものがATU

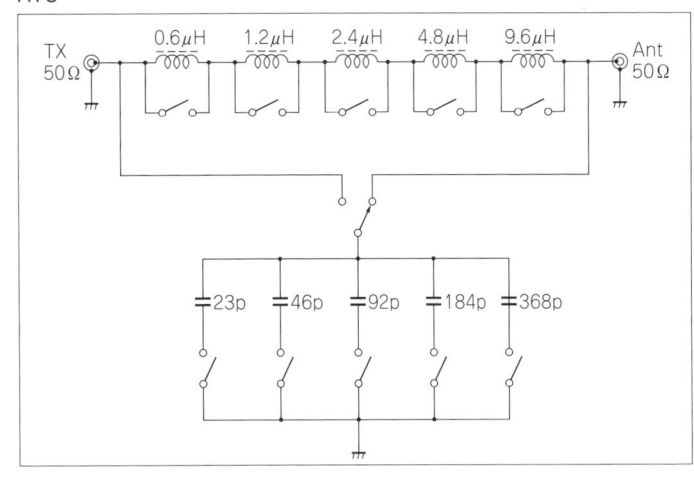

図3-10-5 終端型パワー計
前段にアッテネータを組み込むことで20W程度までの測定が可能

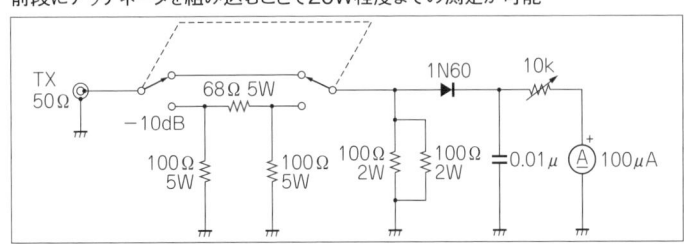

写真3-10-1 自作のSWRメータ
一つのメータがSWRメータの進行波と反射波,電力計を兼ねている.さらに欲張ってアッテネータも組み込み20Wまでの測定を可能としたが,逆に機能を盛り込みすぎて使いにくくなってしまった

圧すれば任意の目盛りが記せますから,巻き線型などの耐電力の大きなVRが手に入れば便利です.手に入らずとも,そもそも電流計の目盛りがリニ

アですから，一点の値が分かればP=E*Iで計算することで任意の目盛りを記せます．ただし安価なラジケータは電流値と振れが直線的に比例しないため，この方法は使えません．

リグの自作のために

続いて，QRPのもう一つの楽しみであるリグの自作の際に活躍する測定器を紹介します．

◆ 発振を確かめるRFプローブ

水晶発振であれ他の方法であれ，実用的な送受信機の原点となる部分は発振回路です．発振回路は音も光も出しません．その動作を確認するためのツールがRFプローブです．回路は簡単で，整流回路とアナログ・メータから構成されます（**図3-10-6**）．一般に，感度を上げるため倍電圧整流とします．メータは振れを見るだけですからラジケータで十分ですし，アナログ・テスタの電流レンジ（例えば250μA）でもOKです．整流回路とラジケータをペン型に一体化する方も多いようです．針の振れの大小で相対的な発信強度は分かりますが，持ち方などで感度はビンビン変化するので，目盛りを振ることにはあまり意味がありません．

◆ 周波数を知る：周波数カウンタ

周波数をダイレクトに知ることのできる周波数カウンタは，昔は夢の測定器でしたが，現在はデジタル技術の進歩により安価に手に入ります．ケ

図3-10-6 RFプローブ
発振の有無が確認できないと後段のテストに進めない．簡単な測定器だが安心の素

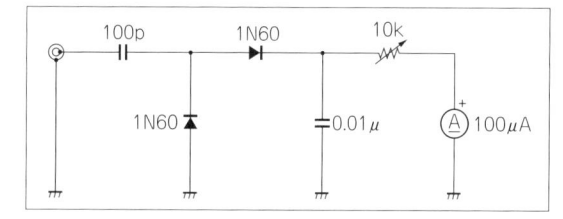

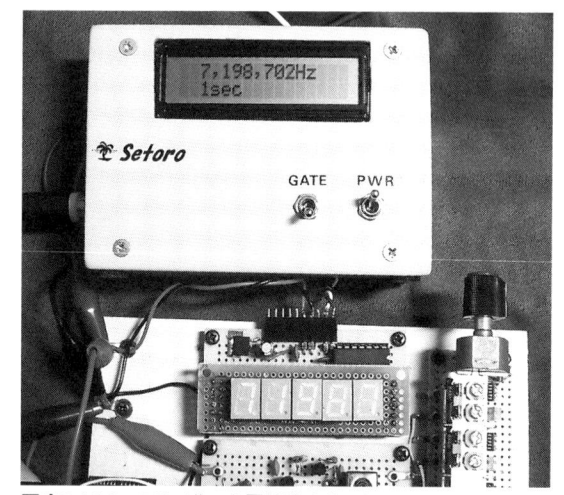

写真3-10-2 PICで作った周波数カウンタ
液晶表示（上）とLED表示（下）は参考文献により製作したもの．液晶表示では1Hz単位で表示されているが，基準周波数が単純な水晶発振なので100Hz以下を信じることは禁物．ちなみに，LED表示のカウンタの部品代は合計で1,000円以下

ースに入っていないユニットであれば，2,000円程度で6〜8桁，50MHzまで使えるカウンタがWebなどを通じて容易に手に入ります．また，PICなどにプログラムを焼き込める環境をお持ちなら，それこそ1,000円を切る費用での自作も可能です（**写真3-10-2**）．

ただし，むやみに桁数の多いカウンタを用意しても，1Hz単位での正確さを求めるには原クロック周波数の精度が問題となります．ルビジウム発振器やGPS制御の信号源をお持ちなら別ですが，0.1kHz＝100Hz以下の桁にはあまりこだわらない方が身のためです．5〜6桁で十分でしょう（**参考文献3，4**など）．

◆ 受信機を調整するSG（シグナル・ジェネレータ）

受信機の調整のための信号源として一番簡単なのは，アンテナをつないで本物の信号を受けることです．多くの場合，感度を最大化するなどの調整はこれで足ります．が，中間周波増幅部などの調整にはやはり専用の信号源が必要です．例えば

第3章　技術編

コイルを2組ほど用意すればバリコンでHF全域をカバーできます．発振周波数はカウンタで知ることができますから，後段に信号レベル変換のためのアッテネータなどを備えれば立派なSGになります．

◆ 電波の物差し：ディップ・メータ

　周波数カウンタなどの便利な機器が簡単に手に入るようになったため，最近は出番が少ないのですが，ここまで幾つか簡単な測定器を紹介してきて，あらためてディップ・メータの多機能さを痛感したので，ちょっと触れさせていただきます．コイルとバリコンで任意の周波数を発振させるだけという簡単な回路で，自作も難しくはありませんが，実用的な周波数目盛りを振ることが最大の課題でした．市販品は5～6本のプラグイン・コイルが用意されてHFから150MHz程度までをカバーしていました．

　代表的な用途を幾つかご紹介しましょう．

① 吸収型周波数計

② 電界強度計

　発振回路あるいは送信機から出される電波を受けてメータを振らせるだけのものです．これらの用途では電源は入れずに使用します．ゲルマ・ラ

写真3-10-3　簡易型シグナル・ジェネレータ
HF帯をカバーするためにコイルを切り替えるのではなく，同じ回路を2組実装した

局部発振回路を先に作ってこれを活用するなどは賢い方法ですが，任意の発振周波数を得る装置を用意することも難しくはありません．ただし，周波数カウンタなどがあること，そしてあくまで実験・調整用（長時間の安定度は問わない）であることが条件となります．図3-10-7は教科書どおりのハートレー発信回路にバッファを設けたトランジスタ2石による簡易ジェネレータです．LCを適宜組み合わせることで任意の周波数を得られます．

図3-10-7　簡易型シグナル・ジェネレータ
後段にアッテネータを用意して信号レベルの調整を可能にすれば立派なSGになる

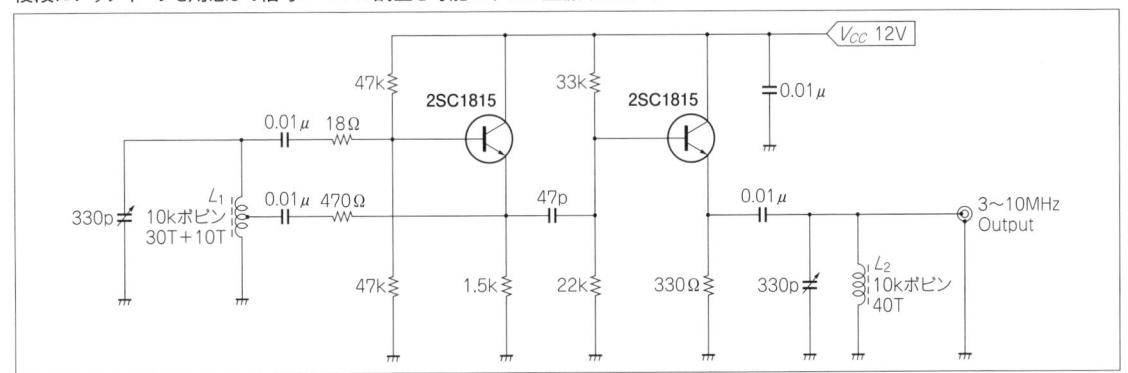

QRP入門ハンドブック　107

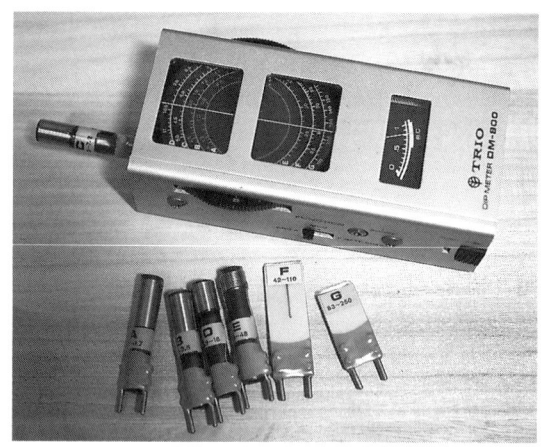

写真3-10-4　ディップ・メータ
まさに「電波の物差し」．万能型測定器．最近は市販品が見当たらないが，回路的には自作も難しくなく，ダイヤル目盛りの校正の方が課題だった．現在では，ゼネカバ受信機や周波数カウンタを用いることでこの問題は解決

ジオと一緒ですね．メータの振れで相対電界強度と周波数を知ります．

③ シグナル・ジェネレータ

得たい周波数バンドのコイルを差し，電源を入れれば，ダイヤルに応じ任意の周波数の発振出力を得ることができます．BFOもSメータもない受信機では信号の有無を確認できませんから，市販品では低周波発振回路を内蔵してAM変調出力を得るようになっています．

④ コイルの共振周波数の測定

一番代表的な使い方です．コイルを自作する際，いったい何回巻けばよいのか，なかなか苦労するものです．一応巻きはしたものの，共振周波数がどのあたりなのか分からないと先に進めません．ディップ・メータの電源を入れ，ディップ・メータのボリュームを回してメータの針をフルスケールの8割程度に発振強度を調整します．ディップ・メータのプラグイン・コイルを目的とする LC に近づけて周波数ダイヤルを回していくと，共振する周波数でメータの針の振れがピクっと小さなものになります．そのときの周波数が共振周波数です．

⑤ アンテナの共振周波数の測定

アンテナ・ケーブルのコネクタにワンターン・コイルをつなぎ，そこへディップ・メータのコイルを近づけると，④と同じように共振周波数を知ることができます．

その他にもいろいろな用途が簡単な回路で実現できるのです．電波の物差しとして本当にアマチュア向けの測定器だと思いますが，ARRLのアマハンからも1990年代にはすでに姿を消しています．前述したように，以前は自作時に周波数目盛りを正しく振ることが課題でしたが，現在では周波数カウンタが簡単に用意できるので，これと組み合わせて手元に1台あってもよいのではないでしょうか？

おわりに

QRV，あるいはリグの作成のためにあると便利なツールを幾つかご紹介しました．もう一つ書き加えるとすると，ゼネラル・カバーの受信機こそが極めて用途の広い測定器だと思います．古い機種で十分ですから1台備えておかれることをお勧めします．発振の有無，その周波数や信号の歪みなどが確認できるほか，アンテナ端子と結合させてノイズの大小を耳で聞くだけでコイルの巻き数を確認することもできます．

（JE1HBB 瀬戸口 泰史）

【参考文献】
1. QST Aug.1982
2. http://a1club.net/file2/data/QRP_ATU_Manual_02.pdf
3. http://www.qsl.net/dl4yhf/freq_counter/freq_counter.html（英語）
4. http://www8.plala.or.jp/InHisTime/

3-11　QRPerのための文字通信 JT65の運用

QRPはCWだけじゃない

文字通信のRTTYやAMTORだけでなく，画像通信のSSTVなどの新しいモードを試してきました．これらのモードでもQRPでのオン・エアは可能ですが，満足な交信は難しいと感じてきました．

安定した交信を楽しむためには，大きなパワーと大きなアンテナが不可欠なのです．それ以来，QRPと言えばCWが中心になりました．

低速の文字通信 JT65は2000年代になって開発された比較的新しいモードです．電波型式はF1Dで，FSKの一種ですが符号化と圧縮が行われ，コード化して送受信します．

そのため，必ずパソコンと専用ソフトウェアを必要としますが，強力な誤り訂正機能のため人の耳では$S/N＝0dB$以下…ノイズにすっかり埋もれたような状態から復調することができるのです．もともと，対流圏散乱通信や月面反射のような微弱受信信号から復調するのが目的でしたから，QRPerの微弱な信号にも有効なのです．

JT65の運用はハイパワー局でも上限は20～30Wで，通常は10W以下での運用が推奨されています．

これは，QRP局での話ではなくて一般局の場合です．5W以下でオン・エアする局も多いのです．良いロケーションに大きなアンテナの局ならQRPと言えるのは1W以下ではないでしょうか．ローパワーや良くないアンテナ条件でも楽しめるJT65はQRPerのモードと言えるでしょう．

JT65でオン・エアの準備

JT65でオン・エアするための準備をしましょう．

◆ **JT65でオン・エアするための機材**

JT65は文字通信の一種です．パソコンを使って交信しますが，以下のような機材を用意します．ソフトウェアも必要ですが，いずれもフリーウェアのものです．

(a) **無線機とアンテナ**：SSBが送受信できるトランシーバが必要です．周波数安定度を要するので，シンセサイザ化された比較的新しい機種がよいでしょう．USBモードでオン・エアします．他の通信と同じように，可能な限りアンテナは良い物を使いましょう．

(b) **パソコン**：Windowsのパソコンが必要です．XP以降であれば使えますが，受信時の処理を考えると，高速なものほど使いやすいでしょう．USBインターフェースが必要です．

(c) **インターフェース**：トランシーバとパソコンの仲立ちをするインターフェース装置が必要です．使用するトランシーバによってはUSBケーブルを接続するだけで済み，外付けのインターフェースを要しないものもあります．多くの場合はJT65用のインターフェースを用意します．JT65用インターフェースとはいっても，送受信の信号はパソコンのサウンド入出力端子を使っているだけのものです．他に送受信の制御をCOMポート経由で行います．具体例として八重洲無線のFT-817用に作った

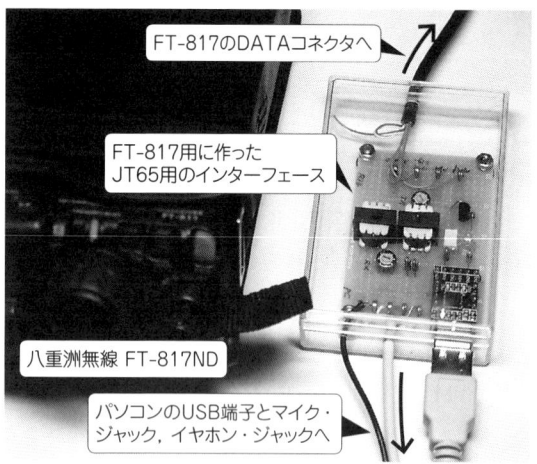

写真3-11-1　FT-817NDとJT65用のインターフェース
FT-817のオプション・ケーブルCT-39Aとわずかな部品でJT65にオン・エアできる．JT65はローパワーでもよく飛ぶのでQRP運用に最適なモード

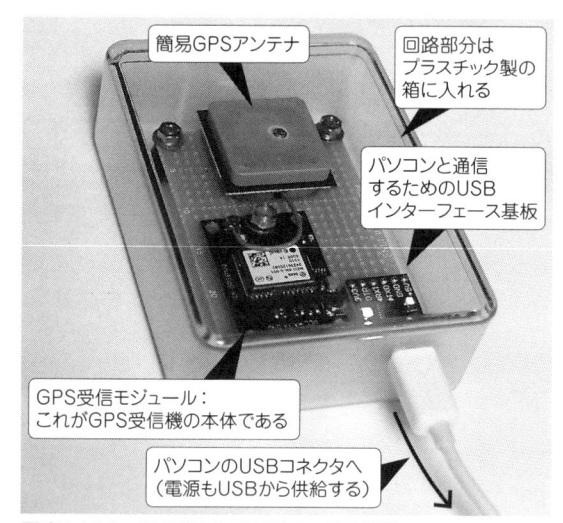

写真3-11-2　屋外運用に便利なGPS受信機
JT65の運用ではパソコン内蔵の時計の精度がとても重要．インターネット環境のない屋外での運用なら，GPS衛星からの時刻データを使って自動的に時計合わせを行うのが便利だ

インターフェースの例(**写真3-11-1**)とその製作を**Appendix-1**(p.117)に示しました．

(d)JT65専用のソフトウェア：JT65はコード化された信号を扱うため，送受信には専用のソフトウェアが必要です．何種類かありますが，ユーザーの多い「JT65-HF」から試してみるのがよいでしょう．簡単な操作方法を後ほど説明します．

(e)サポート・ソフトウェア：通信するうえで必須ではありませんが，運用の利便性を考えると欲しくなるソフトウェアがあります．パソコンの時計合わせを行い，時計の精度を維持するためのものが必要です．インターネット環境に常時接続されたパソコンを使う場合は，ネット経由で時計合わせを行うソフトウェアを使います．移動運用でインターネット環境が難しい場合はGPSを使って時計合わせを行うと便利ですが，専用のソフトウェアとGPS受信機が必要になります．自作のGPS受信機(**写真3-11-2**)と使い方を**Appendix-2**(p.120)に示しました．

◆ オン・エア前のセットアップ

JT65はパソコンのソフトウェアの操作によって交信します．いったん軌道に乗ってしまえば何も難しいことはなく，特別なテクニックも不要です．ここでは軌道に乗せるまでの要点をまとめておきます．

(1)時計合わせ

CQを出しても応答がない，飛んでいないのかと思ってさらにパワーを出してみる，それでも一向に応答がない…．JT65を始めたばかりの局がよく陥る現象です．この原因の第1はパソコンの時計が合っていないことにあります．まずは，パソコンの時計をよく合わせてください．

(a)手動で合わせる

使用するパソコンの時計設定を呼び出して手動で合わせます．ラジオの時報を使うか，電波時計を用意して±2秒以内，できたら±1秒以内に合わせ込んでください．

これは，JT65の変・復調ソフトウェアは毎分の00秒をスタート・ポイントにして送信を開始し，また復調（受信）側も00秒にスタートしたとして処理しているからです．パソコンの時計が狂っているとタイミングがずれて相手局に復調してもらえません．自局でも入感している信号が文字列として表示されないでしょう．特に自身のパソコンの時計が進んでいると，相手局に電波は届いていても復調してもらえません．いくらCQを出しても応答がない原因になります．入念に合わせてください．

(b) 自動で時計合わせ

よく合わせてもパソコンの時計は30分もしないうちにずれてきませんか？ ずれにくいパソコンもあると思いますが，常に±2秒以内を維持するのは難しいはずです．インターネットに接続されたパソコンなら，自動で時計の精度を維持してくれるソフトウェアを使うと便利です．むしろ時計合わせのソフトウェアはJT65での運用にとって必需品と言えるでしょう．ネットワーク上のタイム・サーバへアクセスしてパソコンの時計を自動調整してくれるソフトウェアとして「Net Time」を紹介しておきます．以下のURLにダウンロードと使い方があるので，参考にしてパソコンにインストールしてください．

Net Time…http://gigazine.net/news/20120527-nettime/

(c) GPSで時計合わせ

移動運用もQRPの楽しみの一つです．いまでは全国どこでもインターネットに接続できる環境にあるのかもしれません．それならば移動先でもネット経由の時計合わせは可能かもしれません．しかし，そのためだけに交信中ずっとネット接続するのはもったいないでしょう．

そもそもネット環境が期待できないような秘境や離島からJT65でオン・エアしてみたいものです．そのようなときはGPSを使った時計合わせがよいでしょう．これには専用のソフトウェアとGPS受信機を使います．これでインターネットを使わずとも常に正確な時刻が維持できます．既製品のナビゲーション用GPS受信機でUSBインターフェースを持っていれば，大半がそのまま使えます．**Appendix-2**に簡単に製作できるGPS受信機の例を挙げました．4,000円未満で製作できるので，移動運用がお好きなら作っておくと便利でしょう．パソコン側へUSB用のドライバをインストールした後，「GPS時計」というソフトウェアをダウンロードしてインストールします．使い方は直観的で簡単ですが，詳しくはダウンロードしたソフトウェアの説明を参照してください．

GPS時計…http://www.vector.co.jp/soft/winnt/personal/se508988.html

パソコンの時計が正確に合わせられたでしょうか．これが，JT65でオン・エアするための第一歩です．

(2) 送信パワー調整

JT65はSSBトランシーバを使って交信します．モードはどのバンドでもUSBを使います．パソコンによってコード化されたトーン信号を，SSBトランシーバに音として与えて送信します．音声のSSBと同じように，歪みなく奇麗なトーンで電波を出しましょう．JT65ではUSBのキャリア周波数から見て上側270.5Hz～2270.5の2kHzの間にたくさんの局が同時にオン・エアしています．トランシーバに過大なトーン信号を与えて歪みが発生すると他の局に妨害を与えることになるのです．パワー調整は以下のポイントに注意して行ってください．

(a) 送信パワーはトーン信号の大きさで加減する．

　トランシーバのパワー調整つまみでは行わないことが大切です．トランシーバのパワー調整つまみはいつも最大出力の状態にしておきます．その状態でトーン信号の大きさをマイク・ゲインあるいはJT65用インターフェースにある調整ボリュームで所定の送信パワーになるようセットしてください．パソコンの音量調整も併用して微調整します．

(b) QRP局のパワーは1Wが適当です．

　良いアンテナを使うQRP局は1Wが適当です．しかし，アンテナがあまり良くない移動局なら2.5W程度までアップするのも良いでしょう．また，最大出力が小さなトランシーバの場合は，上記のパワーにかかわらず，最大パワーの半分以下で使うようにしてください．

(c) バンドごとに確認しましょう

　同じ大きさのトーン信号を与えても，バンドによって送信パワーは変化します．バンドを変えたらパワーを確認してください．JT65は約50秒間連続した送信状態になるので，パワーが大きすぎるとトランシーバにダメージを与えることがあります．

　くれぐれもパワーの出し過ぎに注意してオン・エアしてください．JT65でQRPといえるのは1W以下です．QRPを強調したいなら，ぜひ1W以下でチャレンジしてください．中にはGPアンテナとわずか数百mWのパワーで運用するDX局もいて驚かされます．

JT65でQRP交信

　JT65での交信も一般的になってきました．CQ ham radio誌をはじめ，インターネット上にもたくさんの情報があるので，ここではごく簡単に説明します．交信方法は，パワーに関係なくQRP局でも一般の局とまったく同じです．JT65用ソフト「JT65-HF」を例に説明します．

(1) JT65-HFの初期設定

　ソフトウェアの初期設定をします．初期設定では自局のコールサインのセットのほか，サウンドの入出力と送受信切り替え方法なども設定します．また，自局のグリッド・ロケーターが必要になるので，事前に調べておきましょう．**図3-11-1**を参照してください．ソフトウェア JT65-HFを起動したら，画面左上のメニューから「Setup」をクリックします．**図3-11-2**のようなConfiguration画面が現れるので，自局のコールサインやグリッド・ロケーター，サウンドの入出力を設定します．他の部分は初期値のままでよいでしょう．また，同じ画面の上にある「Rig Control/PTT」をクリックすると**図3-11-3**の画面が現れます．JT65用インターフェースが接続されているCOMポートの番号を「PTT Port」の窓にインプットしてください．分からない場合はパソコンのコントロール・パネルの「ハードウェアとサウンドの設定」から調べることができます．「Rig Control/PTT」を設定したら，窓の右のボタンをマウスでクリックしてトランシーバの送受信が切り替わるか動作確認します．以上の初期設定が終わったら画面下の「Save Setting and Close Window」の部分をクリックして設定を終えます．最初の画面(**図3-11-1**)に戻ったら，左側中ほどにある周波数設定の窓「Dial QRG kHz」にオン・エアする周波数をインプットします．

(2) JT65の標準的なオン・エア周波数

　各局がオン・エアしている周波数はおおむね決まっており以下のとおりです．モードは全て

第3章　技術編

図3-11-1　JT65用ソフトウェア「JT65-HF」の操作画面
JT65の運用は専用ソフトウェア JT65-HFの操作画面を使って行う．送受信のメッセージ交換はこの画面から全て行える

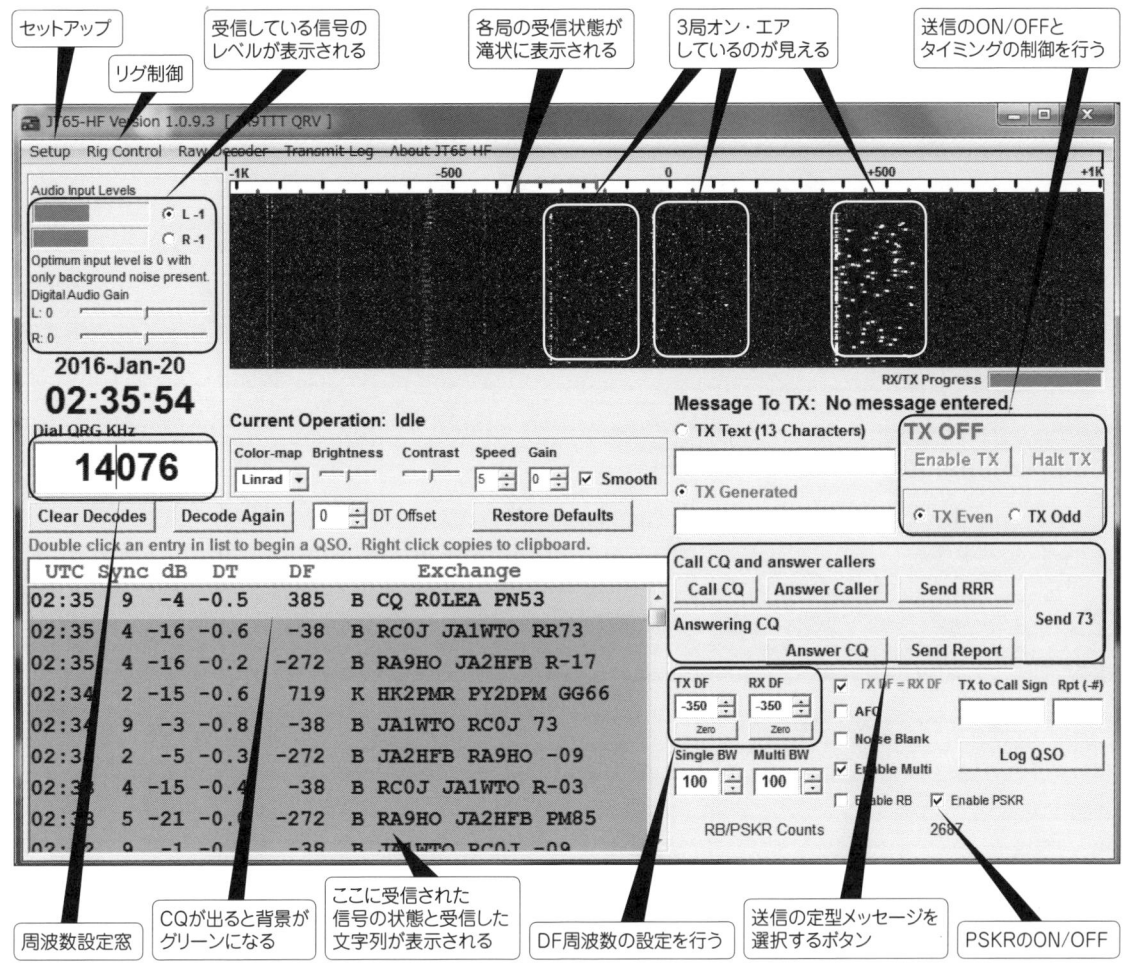

- セットアップ
- リグ制御
- 受信している信号のレベルが表示される
- 各局の受信状態が滝状に表示される
- 3局オン・エアしているのが見える
- 送信のON/OFFとタイミングの制御を行う
- 周波数設定窓
- CQが出ると背景がグリーンになる
- ここに受信された信号の状態と受信した文字列が表示される
- DF周波数の設定を行う
- 送信の定型メッセージを選択するボタン
- PSKRのON/OFF

USBで，周波数はいずれもトランシーバのダイヤル表示周波数です．7076.0kHz USB，10138.0kHz USB，14076.0kHz USB，18102.0kHz USB，21076.0kHz USB，24917.0kHz USB，28076.0kHz USB，50276.0kHz USBです．

なお，3.5MHz帯は3576.0kHz USB，1.8MHz帯は1838.0kHz USBが国際的な周波数です．しかし，2016年現在，いずれもJAではオフバンドになるので受信のみで送信はできません．長波および中波バンドは占有帯域幅の関係からJT65でのオン・エアはできません．

(3) 受信入力レベルの調整

トランシーバをUSBモードにし，オン・エアするバンドに切り替えます．アンテナを接続して通常の送受信が可能な状態になったら，いったん誰もオン・エアしていない周波数にダイヤルを合わせます．図3-11-1の画面で，左上の「Audio Input Levels」の部分を見てください．パソコンに与えた受信音量が適切ならバーグラフが中ほどまで伸び，その右のLあるいはRの数字が0付近を示し

注意：7076kHzは国外局との交信に限って使用できます．JA局同士は，7039kHzを使います．

図3-11-2　JT65-HFの初期設定画面
自局のコールサイン，グリッド・ロケーター，受信サウンドの入力デバイス，送信音響の出力でデバイスの設定などを行う

- コールサインとグリッド・ロケーターの設定窓
- サウンドの入出力デバイスの設定（通常は起動時に自動設定される）
- CQを出したとき，応答がなかった場合の繰り返し回数の設定 5〜10回くらいに設定しよう
- 設定が済んだらここをマウスでクリックして設定を終了する 設定ウィンドウが閉じて終了する 上記の他は初期状態のままでも大丈夫

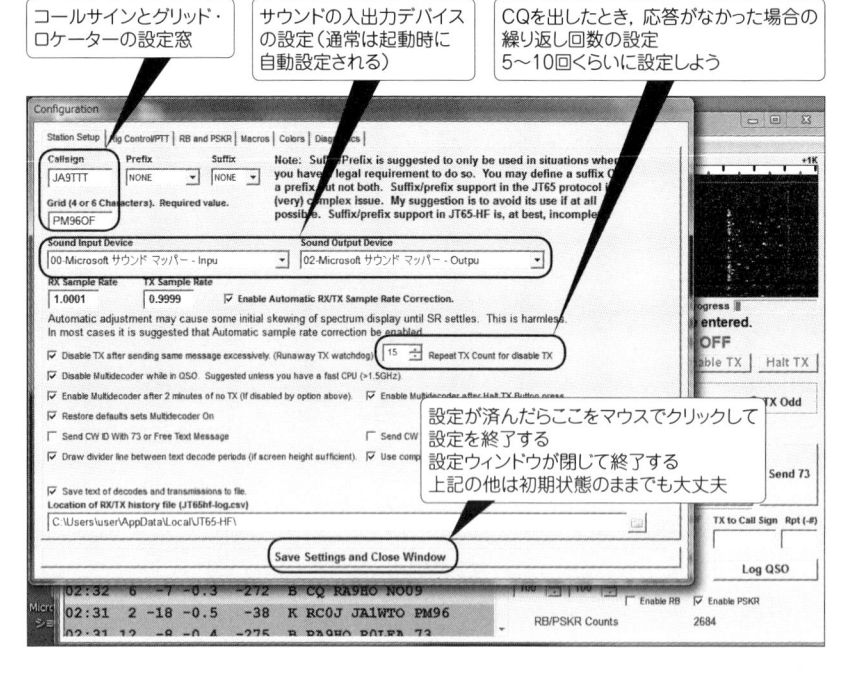

図3-11-3　JT65-HFのリグ制御初期設定画面
JT65の交信では，パソコンによって送受信を自動的に切り替える．トランシーバの送受信制御はCOMポートのRTS端子で行う．何番のCOMポートを使うのか設定する

- 送受信の制御に使うCOMポートの番号を設定する．この例ではCOM9になっているが，実際に使う番号を設定する
- このボタンで正しく送信できるかのテストができる．マウスでクリックして送信に切り替わればOK
- 設定が済んだらここをマウスでクリックして設定を終了する．設定ウィンドウを閉じて終了する

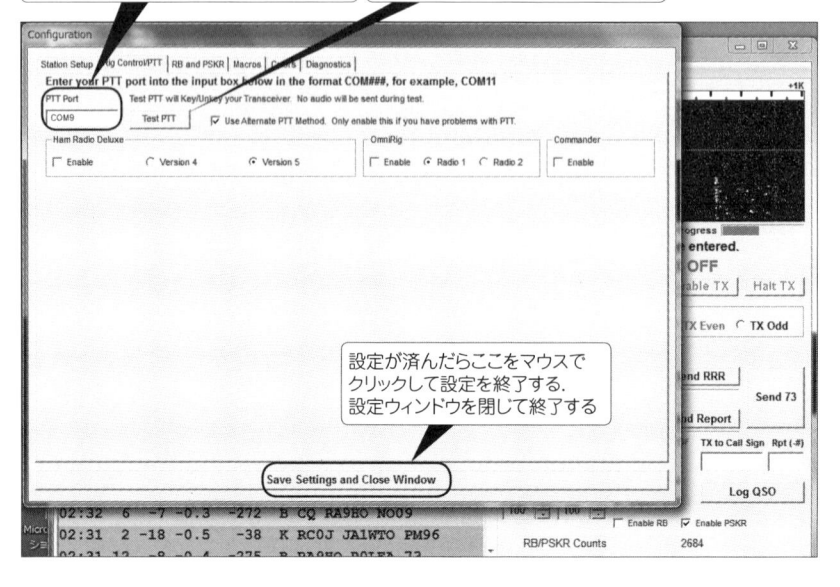

ます．適切な範囲を外れると数字が赤字で表示されるので，適当な範囲になるよう，JT65用インターフェースもしくはトランシーバの受信音量ボリュームを加減してください．なお，データ通信用コネクタから受信信号を取り出している場合には，トランシーバ本体の方では加減できませんから，JT65用インターフェースのボリュームで加減してください．いったん調整すれば加減する必要性は少なくなります．運用するバンドによってはノイズ・レベルが変わることもあるので，その場合は画面のバーグラフ下にあるスライダで微調整してもよいでしょう．通常，スライダは中央の L_0，R_0 の位置にしておきます．

(4) 送信パワー調整
　送信はパソコンの音響出力端子（イヤホン・ジャック）から取り出したトーン信号で変調を掛けます．SSB変調器の前に歪みがあると奇麗なトーンではなくなってしまい

ます．低周波の段階で歪み，高調波が発生するとそのまま送信されてしまい，周波数帯域を共有している他の局に多大な迷惑を掛けてしまいます．そのような状態を避けるためにも正しくパワー調整しましょう．

(a) トランシーバのパワー調整つまみは最大にセットする

ほとんどのSSBトランシーバにはパワー調整のつまみがあります．このつまみを使ってパワー調整してはいけません．必ず最大出力の状態にセットしておいてください．ここでのパワー調整は，すでに歪んだ状態の信号に行っている可能性があります．歪んだ状態の信号を送信する可能性があるのです．

(b) トーン信号の大きさでパワー調整する

SSBトランシーバのマイク入力端子にトーン信号を加えている場合，トランシーバのマイク・ゲインで送信電力を加減します．トランシーバのデータ通信用コネクタへトーン信号を加えている場合は，JT65用インターフェースにある送信トーンのレベル調整ボリュームでパワー調整してください．QRPでオン・エアするなら送信パワーは1W程度にします．QRPトランシーバの場合は定格最大出力の半分以下が安全な範囲です．したがって，QRP局によく使われているFT-817では最大でも2.5W，通常は1Wにセットしておきましょう．

(5) CQを出した局を呼ぶ方法

まずは，各局がよくオン・エアしている周波数にダイヤルを合わせ，5分くらいワッチしましょう．バンドのコンディションが良ければ，**図3-11-1**のようにオン・エアしている局が受信できます．CQを出している局があれば，左下のウィンドウにコールサインが現れます．ソフトウェアJT65-HFが初期設定のままなら，CQを出している局の背景色は緑になっているはずです．CQを出した局が画面に見えたら，すかさずマウスのポインタをその部分に合わせて，左ボタンをダブルクリックします．あるいはシングルクリックで選択してから，画面の「Answer CQ」ボタンをクリックしても同じです．これで，次の送信タイミングにCQに対する応答が自動送信されます．やがて自局の送信が終了し，相手局が自局に応答してくると文字列の背景が赤色に変わります．相手局からは「自局のコールサイン＋相手のコールサイン＋信号S/N比」の文字列が送られてきます．信号S/N比が送られてきたら，次は同じように相手局に信号レポートを送りましょう．画面の「Send Report」ボタンをクリックします．これで次回の送信時に自動的にレポート付きの文字列が送られます．次の相手局の送信で双方のコールサイン＋RRRの文字列が返ってきたらレポートが了解されたことになるので交信成立です．続いてファイナルを送りましょう．画面の「Send 73」ボタンをクリックすればファイナルが送れます．自局の送信が終了したら，いったん「Halt TX」ボタンを押して送信を停止しておきます．これで1回の交信が終わりました．順調な場合，1回の交信はおよそ5分です．

(6) CQの出し方

少なくとも3分くらい，できたら5分くらいワッチします．画面上部のウォーターフォール画面(滝の流れ)に注目してください．左側に白線があって，その右に帯状に並ぶドットがオン・エアしている局の軌跡です．その周波数でCQを出したら混信してしまいます．画面中央下部分のTX DFとRX DFの周波数をオン・エア局のいな

い場所にセットしてください．セットしたDF周波数の上側に送信信号が出ます．**図3-11-1**の例ではDF＝＋600～＋1kのあたりが空いているようです．例えば，DF＝＋600にセットしてから「Call CQ」ボタンを押します．

　なお，CQを出すのが，奇数の分か偶数の分なのかは選択できます．画面左の中央にある「TX Even」(偶数の分)と「TX Odd」(偶数の分)で選択します．なお，その上の「Enable TX」ボタンを押さないと送信は開始されませんのでご注意を．

　CQの送信が終わり，スタンバイしたら誰かが呼んでくるでしょう．相手の送信に自局のコールサインが含まれていると，その文字列の背景が赤色になります．

　呼んできた局に応答するには，マウスのポインタを，背景が赤に変わった文字列の部分に合わせてダブルクリックします．シングルクリックの後で「Answer Caller」ボタンをクリックしても同じです．

　次の送信タイミングで相手局のコールサイン＋信号レポートの文字列が自動送信されます．その後，相手局から自局の信号レポートが送られてきたら，「Send RRR」ボタンを押して了解した旨を返信します．たぶん，相手局からは次には73が送られてくるので，こちらからも「Send 73」ボタンでファイナルを送って交信終了となります．

(7) 任意文字の送信方法

　上記のように完全なラバースタンプ形式で交信を完了することも可能ですが，幾らかでも定型外のメッセージが送れたらFBです．任意文字列の送信はどうするかというと，画面右側中央寄りにある「TX Text (13 Characters)」の窓に書き込むことできます．

例えば，ファイナルを送る際に定型文を止めて，「QRP 1W 73」のようにQRP局であることをアピールすることもできます．Q符号や略号を使って13文字以内でうまくまとめて送ってください．

(8) 自局の電波はどこまで飛んでいる？

　自局の電波がどこまで飛んでいるのか確かめたくなりませんか？　画面右下の「Enable PSKR」の左にチェックを付けておくと，インターネット経由で受信状態が専用の情報収集用サーバへ自動発信されます．

　もちろん，これにはインターネットへの常時接続が必要です．現在は多くの局がそのようにしてレポートを送りながら運用しています．自局のCQ呼び出しや交信中の電波が，ワッチしている各局から集められていることでしょう．情報収集用サーバで数分ごとにまとめた結果を見ることができます．ブラウザで以下のサイトをアクセスしてください．

PSKR…**https://pskreporter.info/pskmap.html**

「Display Reception Reports」というウィンドウが開くので，画面上部のthe callsignの隣の窓に自局のコールサインを入れます．少し右の方にある「Go！」ボタンを押すと地図画面が見えます．自局の信号を受信した局があれば，タグが付いたマーカーで表示されます．また地図の上部にある「show logbook」という文字列をクリックすると，自局の送受信レポートが一覧表形式で表示されます．

　電波の飛び具合が心配になったら，むやみにCQを連呼するよりもこうしたレポート・サイトを積極的に利用して確認した方が分かりやすく，そのバンドのコンディション把握にも役立ちます．

(JA9TTT/1　加藤　高広)

第3章　技術編

Appendix-1　FT-817(ND)用に最適化したJT65インターフェースの製作

八重洲無線のQRPトランシーバ FT-817でJT65モードへオン・エアしたい局も多いと思います．パソコンとトランシーバを接続するにはインターフェース回路が必要です．FT-817に合わせたJT65用インターフェースの製作と使い方を説明します．

■ インターフェース回路

図3-11-A1にJT65用インターフェースの全回路を示します．より簡単な回路でもインターフェース可能ですが，パソコン側とGNDが分離できる**図3-11-A1**の回路がお勧めです．少し部品は増えますが費用はいくらもかかりません．GND系が分離されることで，パソコン系からのノイズの混入が軽減されるメリットもあります．電源系の短絡事故などからも安心でしょう．

■ 主要な使用部品の説明

(a) FT-817用接続ケーブル

6pinのMini-DINコネクタと6芯ケーブルで自作することも可能ですが，純正のオプションがあるので，こちらを購入した方が安心です．

商品名：PACKET CABLE，型番：CT-39A，標準価格1,800円

(b) フォトカプラ

ごく一般的なフォトカプラです．他のフォトカ

図3-11-A1　JT65用インターフェース回路

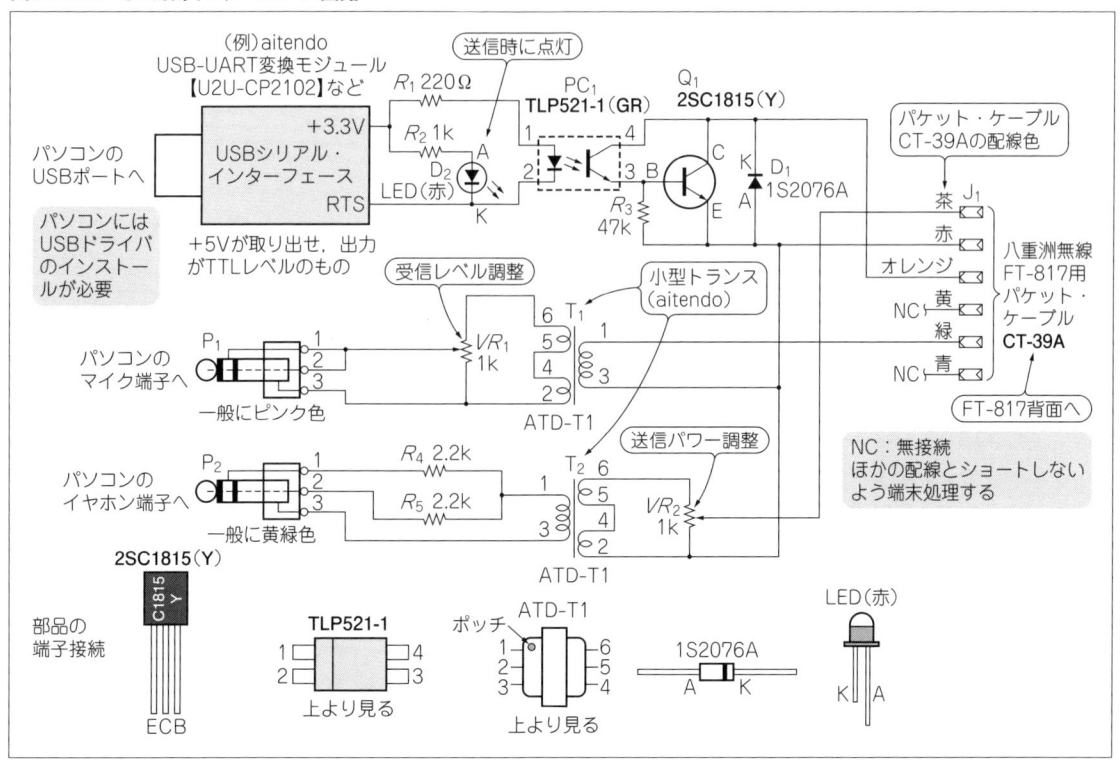

プラで代替可能です．100円くらい．

型番：TLP521-1（東芝）．

（c）トランジスタ

2SC1815Y（東芝）．他の汎用NPNトランジスタで代替可能です．

（d）小型トランス

単価150円と安価なので使用しました．一般に入手が容易な山水のST-23で代替可能です．

型番：小型ドライバートランスATD-T1（aitendo **http://www.aitendo.com/product/7308**）．

（e）USBシリアル・インターフェース

必ずRTS端子が引き出されているシリアル・インターフェースを使います．650円(参考)．他のものでもRTS端子が引き出されていれば使えます．信号はTTLレベルです．

型番：U2U-CP2102（上記と同じaitendo **http://www.aitendo.com/product/11086**）．

■ 製作例

ユニバーサル基板へ**図3-11-A1**の回路を載せます．配線は少し複雑ですが，部品の接続ミスさえなければ動きます．部品の配置などに特に難しいところはありません．**写真3-11-A1**に製作例を示します．小型のプラスチック製ケースに収納しました．USBケーブルやマイク・ジャック，イヤ

写真3-11-A1　JT65用インターフェースの製作例
八重洲無線のQRPトランシーバ，FT-817用に製作したJT65用インターフェース．FT-817用オプションの「パケットケーブルCT-39A」を利用すると製作が簡単．無線機側とパソコン側のグラウンドは絶縁されている

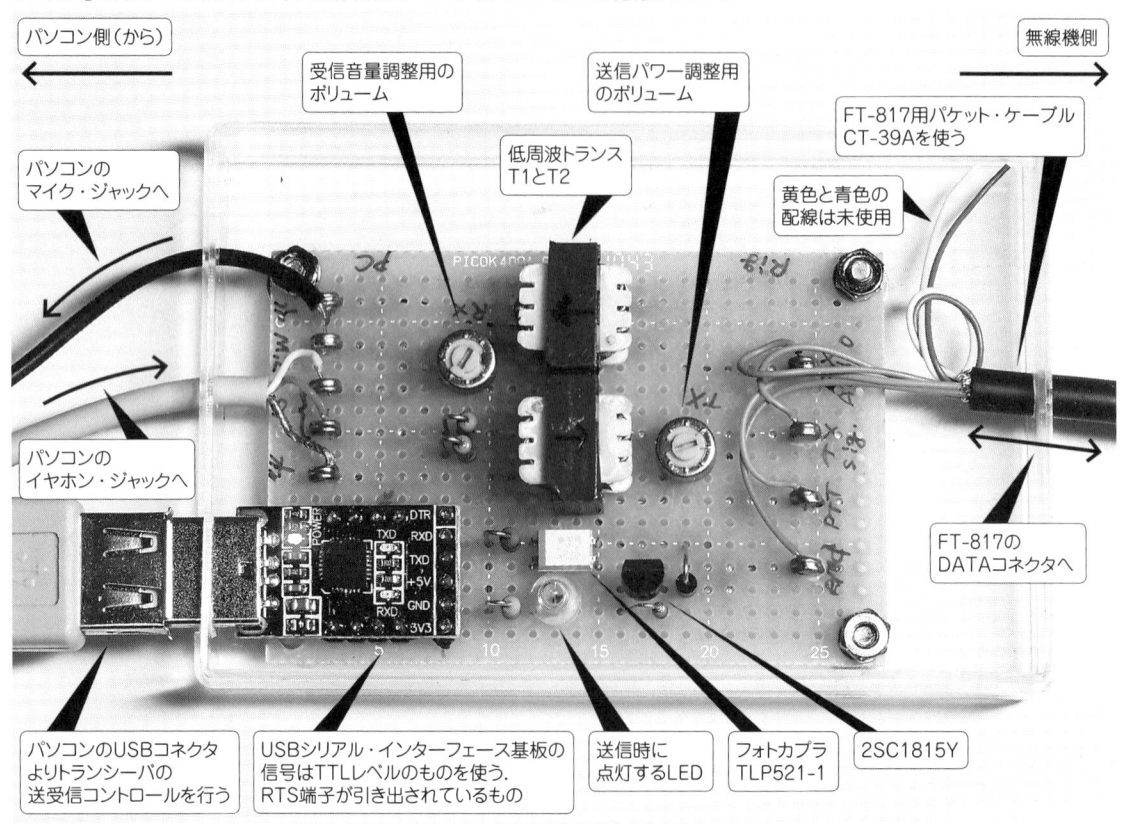

第3章　技術編

ホン・ジャックをパソコンに接続します．トランシーバ（FT-817）との接続は専用のパケット・ケーブルCT-39Aで行い，無線機本体の底面にあるDATA端子に接続します．

■ 使い方

(1) USBドライバーのインストール

　USBシリアル・インターフェースに載っているチップ用のドライバー・ソフトをパソコンにインストールします．この例では，「CP2102」というシリコン・ラボラトリ製のチップが載っているので，以下のURLからダウンロードしてインストールしておきました．

● CP2102のドライバー… **http://www.silabs.com/products/mcu/pages/usbtouartbridgevcpdrivers.aspx**

● USBドライバー・インストールの参考サイト… **http://www.cqpub.co.jp/INTERFACE/contents/special/CP2102install/index.htm**

　インストールが済み，USBインターフェースを接続するとCOMポートとして認識されます．COMポートの番号を控えておきましょう．JT65用ソフトウェアと「JT65-HF」の初期設定の際にポート番号が必要になります．なお，パソコンのUSBポートの場所を変えるとCOMポートの番号も移動します．最終的に使うポートに接続してCOMポート番号を確認しておきます．

(2) FT-817の設定方法

(a) モードの設定：DATAコネクタにパケット・ケーブルCT-39Aを接続してJT65を運用するためには，運用モードを「DIG」にセットします．

(b) DIGモードはUSER-Uに設定します．

　JT65はUSBでオン・エアします．DIGモードがUSBになるよう設定変更してください．Fボタンを長押しするとメニューモードになります．SELつまみを回してメニューモード26番を呼び出します．デフォルトはRTTYになっているので，DIALつまみで「USER-U」に変更してください．Fボタンを長押しすると設定されます．

(c) CWナロー・フィルタはOFFにします．

　オプションでCWナロー・フィルタが付いている場合は，「NAR OFF」にしてください．Fボタンを押し，SELつまみでIPO ATT NARを表示してから，Cボタンを押すことでナロー・フィルタのON/OFFができます．

(d) パワーの設定

　13.8Vの外部電源でオン・エアする場合は，制限なしの5Wに設定してください．JT65インターフェースの送信パワー調整ボリュームで2.5Wになるよう調整します．

　あるいは，2.5W設定にして，同じくパワー調整ボリュームで1Wになるよう調整します．このようにすると，JT65で奇麗な電波が出せるので，復調されやすく他局に妨害も与えません．

　設定の詳細はFT-817の取扱説明書および本文も参照してください．

● **USBシリアル・インターフェースの入手先**

販売店：aitendo… **http://www.aitendo.com**
USBシリアル・インターフェース：U2U-CP2102
650円（価格は参考）
http：//www.aitendo.com/product/11086

〈JA9TTT/1 加藤 高広〉

QRP入門ハンドブック　119

Appendix-2 パソコンの時計合わせ用GPS受信機の製作

既成品のGPS受信モジュールとアンテナのセットをUSBシリアル・インターフェースと組み合わせてGPS受信機を製作します．**図3-11-B1**が全回路図です．

(1) GPS受信モジュール

高感度で消費電流の少ないu-blox社製のチップが載ったモジュールを使いました．製品名は"NEO6M-ANT-4P"です．簡易なアンテナが付属しているので合わせて利用します．端子部分に使うピン・ヘッダが付属しないので，別途入手してはんだ付けしておきます．入手先は後述します．

(2) USBシリアル・インターフェース

GPS受信モジュールのデータ出力はTTLレベルのシリアル信号です．パソコンへ直結するためにUSBシリアル・インターフェースを用意します．さまざまな製品が売られていますが，+5V電源が供給でき，シリアル信号がTTLレベルで送受信できるものなら何でもよいでしょう．ここでは，商品名"USB2UART-CP2102"というものを使いました．

(3) 組み立て

ユニバーサル基板に**図3-11-B1**の回路を載せます．配線は4本だけなので簡単に済むでしょう．**写真3-11-B1**に製作例を示します．小型のプラスチック製ケースに収納します．USBケーブルでパソコンに接続します．

図3-11-B1　パソコンの内蔵時計合わせ用GPS受信機の製作図

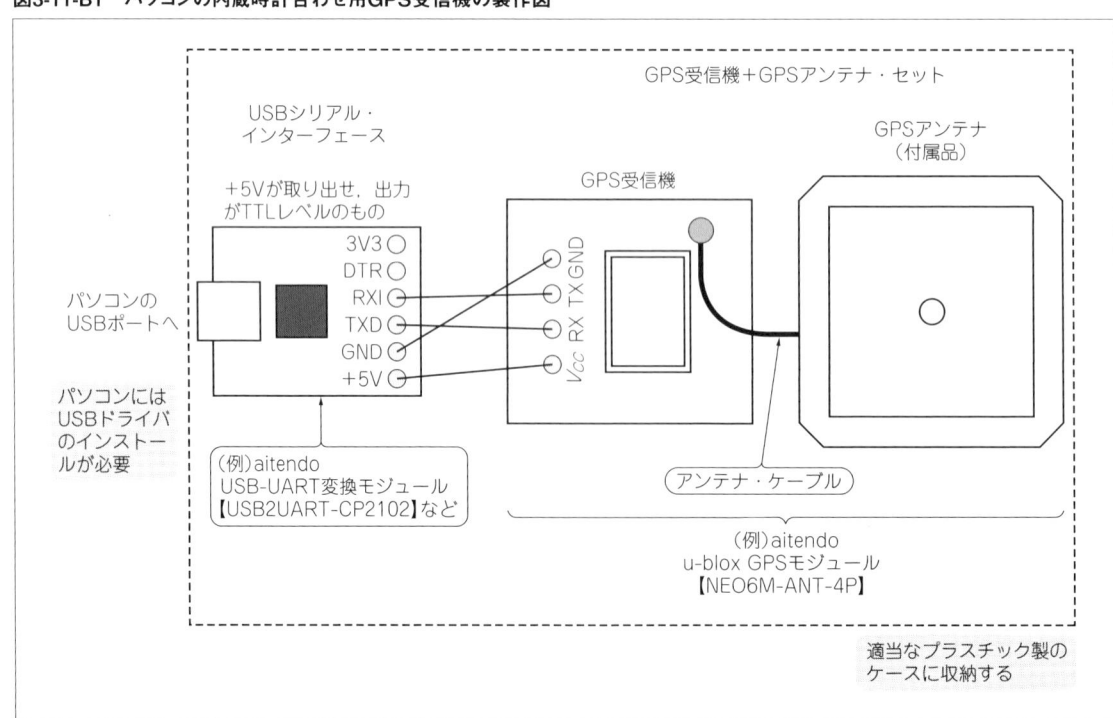

第3章 技術編

(4) USBドライバーのインストール

USBシリアル・インターフェースに載っているチップ用のドライバー・ソフトをパソコンにインストールしてください.この例では,「CP2102」というシリコン・ラボラトリ製のチップが載っていたので,以下のURLからダウンロードしてインストールしておきました.

● CP2102のドライバー…**https://www.silabs.com/products/mcu/Pages/USBtoUARTBridgeVCPDrivers.aspx**

● USBドライバー・インストールの参考サイト…**http://www.cqpub.co.jp/INTERFACE/contents/special/CP2102install/index.htm**

インストールが済み,USBインターフェースを接続すると,COMポートとして認識されます.何番のCOMポートになったか番号を控えておきましょう.

さらにGPS受信用アプリケーションをインストールすると,詳細なデータが表示できます.受信状態の確認のために確認用GPS受信ソフトをインストールしておくとよいでしょう.

● 確認用GPS受信ソフト:u-center…**https://www.u-blox.com/ja/product/u-center-windows**

本来の目的である,GPSを使った時刻合わせのためのソフトウェアは次に示すWebサイトにあります.なお,上記の確認用GPS受信ソフト「u-center」との同時使用はできませんので注意してください.

● GPS時計…**http://www.vector.co.jp/soft/winnt/personal/se508988.html**

パソコンの時計合わせのために,文字通信JT65の運用中はこちらのソフトウェアを起動しておきます.

● GPS受信モジュールとUSBシリアル・インターフェースの入手先

① 販売店:aitendo…**http://www.aitendo.com**

② GPS受信モジュール:NEO6M-ANT-4P,2,780円(価格は参考),
http://www.aitendo.com/product/10255

③ USBシリアル・インターフェース:USB2URRT-CP2102,600円(価格は参考),
http://www.aitendo.com/product/2890

(JA9TTT/1 加藤 高広)

写真3-11-B1 パソコンの内蔵時計合わせ用GPS受信機の製作図

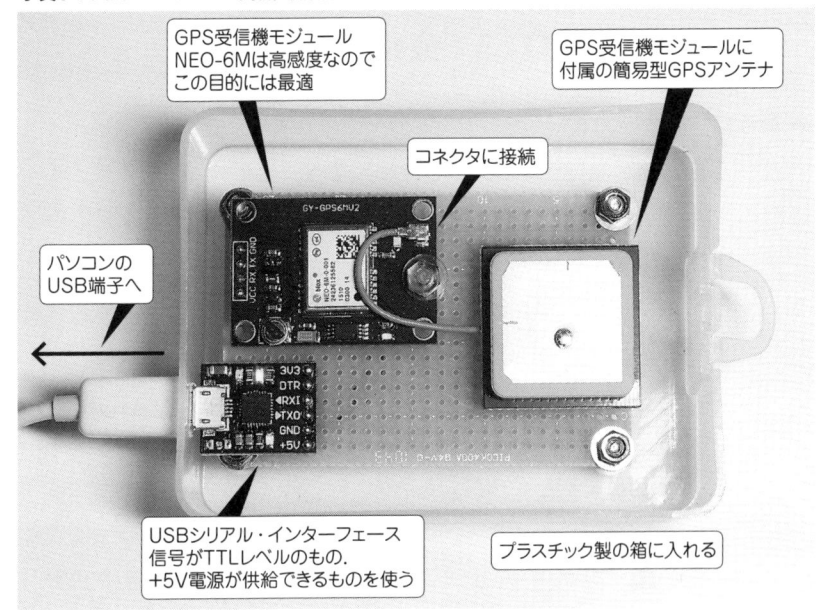

- GPS受信機モジュール NEO-6Mは高感度なのでこの目的には最適
- GPS受信機モジュールに付属の簡易型GPSアンテナ
- コネクタに接続
- パソコンのUSB端子へ
- USBシリアル・インターフェース 信号がTTLレベルのもの.+5V電源が供給できるものを使う
- プラスチック製の箱に入れる

QRP入門ハンドブック | 121

3-12 JT65で交信にトライ

◆ 最近話題の多いJT65

　CQ ham radio誌2016年1月号で連載が始まり，何かと話題が多くなってきたデジタルモードのJT65ですが，6年前の特集記事までさかのぼってみました．ここでは微弱な信号でDX局と交信できると，早くもQRPでの海外局との交信に着目されていました．

　例えば，
- 2009年 3月号 別冊CQ ham radio No.7，JA7UDE「WSJTデジタル通信入門」
- 2013年 6月号 別冊CQ ham radio QEX Japan No.7，JA1JBF「ノイズ下の信号を拾う心地よさ」
- 2013年12月号 別冊CQ ham radio QEX Japan No.9，JK1FBA「短波デジタルモードJT65Aを運用しよう」

にそれぞれ特集が組まれており，仕組みやソフトウェア設定について細かく解説されています．

　特に別冊CQ ham radio QEX Japan No.7ではJT65Cが取り上げられ，UHF/SHF帯における伝搬状態の分析とテレメトリー信号に関して強い印象を持ちました．当時よくQRVしていた430MHz SSBでは，なんとか10エレ・スタックくらいのコンパクトなアンテナで遠距離と交信できないものかと思っていただけに，これでどうにかならないだろうか？と思ったものです．

◆ 私がデジタルモードに触れたのは？

　一番初めはまだBCLを楽しんでいたころです．船舶向けの気象通報FAXの受信やRTTYの傍受をしようとし，Macintoshのフリーウェア FAX受信ソフトを入手していじりまわしていました．RTTYはデコード用のチップXR2211（現在もセカンド・ソースが手に入るようです）を買って外国誌の記事の見よう見まねでボードを作りましたが，長短の信号に合わせてLEDが光るようになるにはさすがにS9でないと駄目だと思ったものです．その後2011年に個人局を開局したのですが，その際に"FT-817ND"で電話電信以外のモードも申請しました．昔から興味のあったアナログ方式のSSTV，デジタル方式のSSTV，RTTY，PSK31で，これらの電波型式はそれぞれF3F，G1D/F1D，F1B/F2B，G1B/F2Bでした．

　実はJT65の電波型式はF1Dです．…お！

◆ 局免許申請

　先輩局にいろいろと相談してみましたが，これまでの免許状の指定事項（電波の型式，周波数，空中線電力）には変更がなく，付属装置（PCなど）もこれまで許可を得ているものと同じもの，変更点はパソコンによる変調の方式の追加（＝ソフトウェアの導入）のみです．パソコンによる変調を行うモードを追加する「工事設計書」を総合通信局へ直接申請することにしました．私は"FT-817"を第1送信機にしているので，具体的には工事設計書として，電波型式と変調の仕様（**表3-12-1**），送信機系統図（**図3-12-1**）を作成し「総務省電波利用・電子申請届出システムLite」で申請しました．

　電子申請届出システムLiteの表示が「申請受理」から「審査中」に変わってから約1週間後，ログインして状況を確認すると無事に「審査終了」となっていました．いろいろな方から教えていただいて申請を行いましたが，無事，許可を得ることがで

表3-12-1 無線局免許状変更申請(追加分)電波型式と変調の仕様

装置の名称 または種類		パーソナルコンピュータによる 数値演算型変調方式　方式・規格等		使用する 送信機
パーソナルコンピュータ	JT44	方式	44FSK	第1送信機
		通信速度	5.38ボー	
		周波数偏移幅	±242.25Hz	
		符号構成	WSJT　JT44	
		副搬送波 周波数	同期信号　1,270.5Hz	
			信号 1,302.8Hz～1,755.0Hz	
		電波型式	F1D	
	FSK441	方式	4FSK	第1送信機
		通信速度	147ボー	
		周波数偏移幅	±661.5Hz	
		符号構成	WSJT　　FSK441	
		副搬送波 周波数	882Hz　1,323Hz 1,764Hz　2,205Hz	
		電波型式	F1D	
	JT65	方式	65FSK	第1送信機
		通信速度	2.7ボー　5.4ボー　10.8ボー	
		周波数偏移幅	+174.96Hz　+349.92Hz +699.84Hz	
		符号構成	WSJT　　JT65	
		副搬送波周波数	1,270.5Hz	
		電波型式	F1D	

図3-12-1　送信機系統図

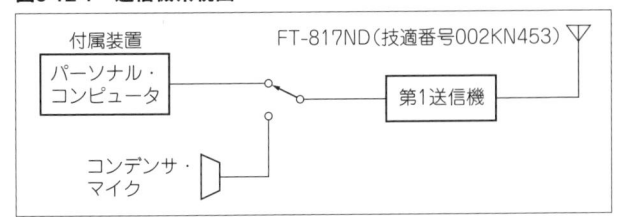

きました．

◆ ソフトウェアの導入と初受信

　まず前セクションでJA9TTT 加藤OMが紹介されているJT65-HFをインストールしてみました．パソコンはCore i7，メモリ8GBで，OSはWindows 7です．

　ソフトウェアをインストールして，コールサインやグリッド・ロケーター，音声入出力ポートの設定を行うと，とりあえず受信できる状態になったようです．インターフェースは以前SSTV用に作ったものを流用することにしました．

　私は集合住宅に住んでいますので，とりあえずベランダにクワッドバンド用のモービルホイップを設置してみました．29MHz FMに対応している製品ですので，受信するだけならHFハイバンドでもそこそこ聞こえるだろうという目論見です．

　どの方の記事にも「まずJT65のソフトを走らせるパソコンの時計を正しい時刻に合わせるように」と書かれていますので，これを忘れずに実行することにします．コントロールパネルからインターネット時計同期のオプションを選択して合わせます．私の場合は12秒進んでいました．

　次に"FT-817"を21.076MHz/USBに合わせてみると「ヒロリーヒロリー♪」という少し弱々しい音が聞こえてきます．早速"FT-817"へインターフェースをつなぎ，DATA端子経由で音声信号を取り出してパソコンのマイク端子に入れます．JT65-HFのウォーターフォール画面には何やら信号らしきものが出てきます．00秒からスタートする受信シークエンスを待ってスタート．

　最初のデコードが終了するまでの約50秒が長く感じられましたが，あっさりとYB/インドネシアの局とBY/中国の局が交信している様子が表示されました．もっと難しいかと思っていただけに拍子抜けするほど簡単に最初の受信ができました(図3-12-2)．

図3-12-2　JT65-HFでの受信画面

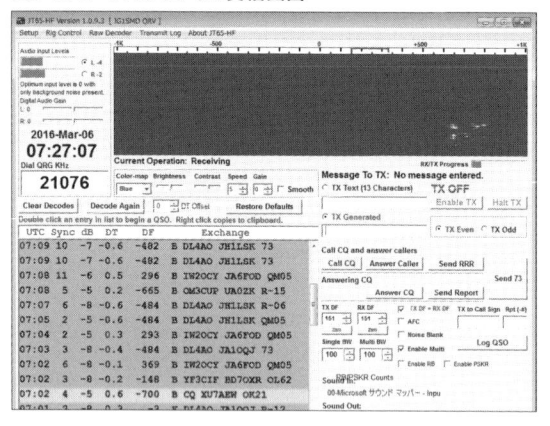

図3-12-3　信号の強い局の信号表示

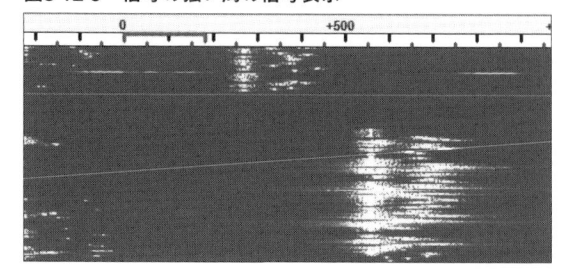

◆ 簡単な装置での受信のコツ

　ベランダに設置した「目的周波数にマッチしていないホイップ・アンテナ」を使用しているので雑音にはとても弱く，パソコンをACアダプタにつなぐと受信されるノイズ（インバータ・ノイズ）だけでJT65の信号がマスクされてしまいます．パソコンを離すなど試み，内蔵バッテリで駆動することもしましたが，結局はもう少しマシなアンテナを設置するのが一番のノイズ軽減策でした．

　"FT-817"の設定ではいろいろ試しましたが，SSB用のフィルタを入れたときの方がデコードは良くなりました．パソコンの音声入力ポートは，状況により標準装備のものが良いことも悪いこともあるようです．

　また，インターフェースの半固定抵抗を使い入力信号を頑張って最適値に合わせようとするよりも，ある程度合わせたら後はソフトウェアにあるゲイン調整のスライドバーで調整する方が良い結果が得られました．結局HFはかなりQSBがあるのです．

　耳にしっかり聞こえる信号がデコードされなかったり，かすかに聞こえるくらいの信号でもしっかりデコードされたりと，なかなか面白い結果が

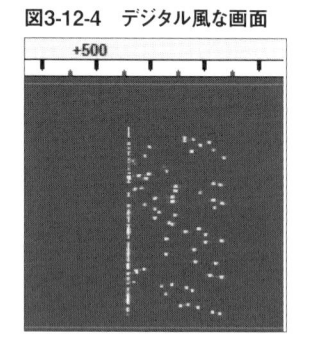

画面に飛び出してきます．デコードされるまでの50秒は長いようですが案外あっという間です．1～2時間放っておくとさまざまな局がデコードされていきます．

図3-12-4　デジタル風な画面

フォーンでは交信したことがないようなカントリーが出てきて，「あれ，このプリフィックスはどこだっけ？」と調べることしきり．1時間で欧州10数カ国，アフリカや中東の局も現れました．

　信号の強い局の信号は**図3-12-3**のように表示され，どうも広がっているように見えます．

　インターフェースの半固定抵抗を調整して入力を絞っていくと，まるでドットが飛んでいるような表示に変わってきました．いかにもデジタルという感じです．

　こうなると先ほどまで-9dBくらいまでしかデコードされていなかったものが-17dBとか-20dBくらいまで取れるようになりました．やはり過大な入力だったようです．

◆ いよいよ送信して交信

　受信がうまくいったので送信もと思い，CQを出している局（JT65-HFでは緑色の表示）をダブルクリックして返信してみました….応答がありません．

第3章 技術編

あれ？

実はここからが長いトラブル・シューティングの始まりでした．インターフェースのAF出力部にイヤホンをつないで音が出ているのかを確かめましたが，パワー計にダミーロードをつないで送信しても針が振れません．マイクから音声を入れればちゃんと針が振れるのです．インターフェースが悪いのかと作り直しもしましたが結果は同じ．

同じデータ入出力端子を持つ"FT-897DM"につないで送信してみると，パワー計の針は振れます．"FT-817"へ何か変な設定でもしてはいないかと，リセットして再度試しましたが，やはりうまくいきません．結局，何のことはない"FT-817"の入力部の故障だったのでした．

ベランダに21MHzの自作Zeppアンテナを釣り竿に沿わせて展開し受信します．

朝はノイズ・レベルが高かったのですが，お昼近くなるとJT65の少し情けない「ヒロリ～ヒロリ～♪」という信号が浮き上がってきました．

修理の済んだ"FT-817"の出力を5Wにセットします．VK2の局がCQを出しているのが見えたのでダブルクリックして"Answer CQ"をクリック．約1分後に自分の送信が終わってからさらに待つこと50秒．"JG1SMD VK2XJM -19"の表示が現れ，やっとコールバックを確認することができま

写真3-12-1　釣り竿に沿わせた自作Zeppアンテナ

図3-12-5　PSKR検索画面の結果

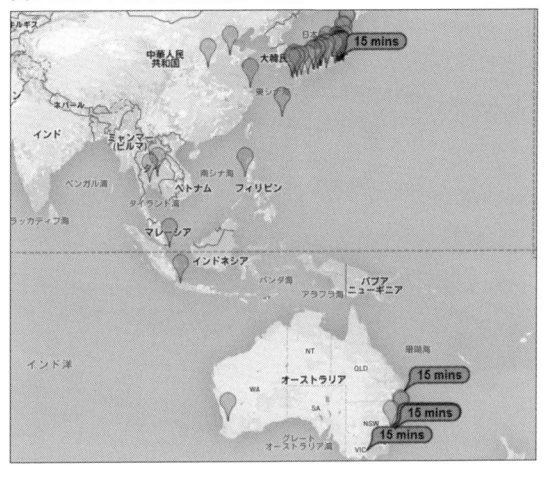

した．

電話電信のQSOでは交信した局まで電波が飛んでいったことしか分かりませんが，JT65では他に受信した局があってサーバにアップロードしていると，それらの様子まで知ることができます．例えばGoogleでPSKRと入力して検索すると"Display Reception Reports - PSK Reporter"（**https://pskreporter.info/pskmap.html**）という検索結果が現れます．これをクリックして該当ページへ飛び，自分のコールサインを受信した局がないかと検索するとヒットしました．

オーストラリアの何局から受信したという表示が出てきました．やっぱり飛んでいたのです．

この日の15mバンドのコンディションは悪く，国内局はまったく聞こえてきません．かろうじて21.280MHzあたりでインドネシア語のラグチューが聞こえるのみです．5WというのはJT65ではQROかもしれませんが，この日のコンディション下のUSBではとても誰も取ってくれません．通信の情報量は少なくとも，やはりベランダ・アンテナから海外局と小出力でも交信できるJT65モードの実力を感じた瞬間でした．　（JG1SMD　石川 英正）

QRP入門ハンドブック | 125

第4章

QRPコミュニティ編

4-1　日本のQRPコミュニティの紹介

QRPクラブの歴史

　JARL QRP CLUB(以下，QRPクラブと略す)は1956年6月15日にJA0CC(JA0AS)清水勲会長，JA1AA 庄野久男副会長ほかJA1BO，JA1BBY，JA3UM，JA3QU，JA5FPの7人の会員で活動を開始しました．同年7月に発行されたガリ版刷りのQRPニュース第1号の会長の文章には，「QROしてのQSOにはもうあきたし，VFOやエキサイター段を使ってON AIRしてみたら思いがけなくFBにDXとQSOできた．なんだ，これならもっと早くからQRPするんだったといった方々が意外に多くおられ」とか，「BCIですっかりご近所とミスマッチングを起こしたOMなどが夕食後の楽しい時間を楽な気持でラグチューをしていただく」といった記述があり，60年という時代を超えて共通するQRPの魅力を感じることができます．

　その後，クラブは活動を休止していた時期も何度かありましたが，2016年5月には創立60年を迎え，現在は10代から90代までの会員約300名(正員)が在籍して活動しています．

■ 現在のQRPクラブの概要

　QRPクラブは，全国組織とはいっても本部があり支部があるピラミッド型の組織ではなく，日本

写真4-1-1 QRPクラブ創立時の会報

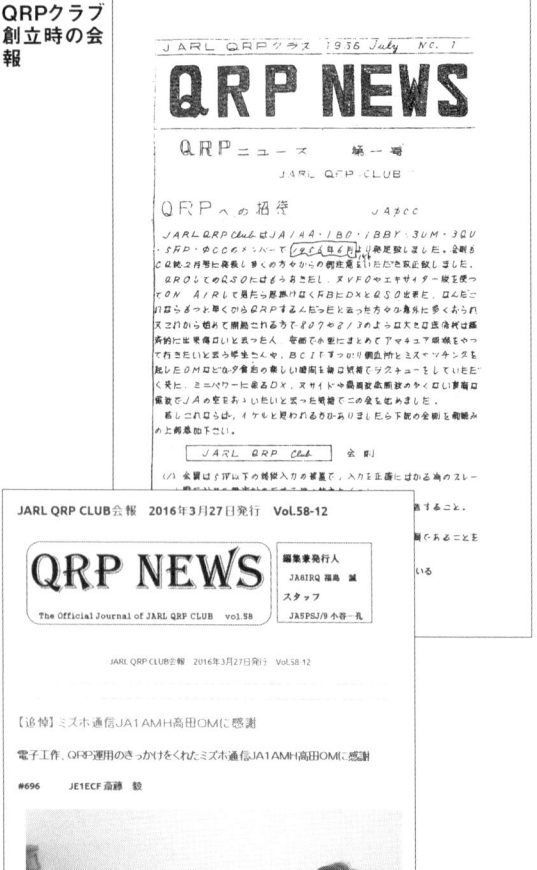

写真4-1-2 現在のブログ形式のQRPクラブ会報

第4章　QRPコミュニティ編

写真4-1-3　QRPアワード見本

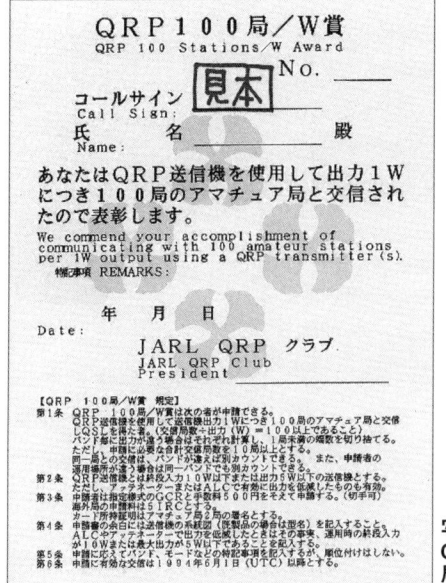

写真4-1-4　QRP100局賞見本

写真4-1-5　現在のQRPクラブ役員の顔ぶれ

のQRP愛好者のゆるやかなネットワークと言った方が実態に近いかもしれません．

組織としては，会報やML（メーリングリスト）などのインターネットを使って広報や情報交換を行っているほか，ハムフェアや全国集会などのときには全国から集まって交流を深めています．地域によっては定期的に集まってミーティングも行っています．

このほかQRPをより楽しむためにQRPアワードやQRPコンテストを企画しています．特別なプロジェクトとしてはQRPトランシーバのキットを頒布することもあります．

■ 会員制度

QRPクラブの会則では「本会はQRPに興味を持つ会員で構成する」とあります．入会のために必要な資格は特になく，アマチュア無線技士の資格を持ってない人やJARL会員でなくても入会できます．

クラブは4人の役員と数人のスタッフによって運営されています．その役員と監査役は3年に一度，会員の投票によって選ばれます．役員会は年に1回以上実際に集まって行われ，それ以外には役員会メーリングリストなどで必要な決定を行っています．

会員の義務は三つあります．第一は役員選挙に投票すること．第二は毎年会員資格を継続登録してメールや郵便で連絡が取れるようにしておくこと．第三はその際に近況報告を行うことです．現在，会費は無料ですが，継続登録時に任意の寄付を集めて運営に必要な経費を賄っています．2011年度以降の会員でその年度の継続登録をしてない者および海外の会員は準員となりクラブの選挙などに参加できません．入会を希望する人はQRPク

QRP入門ハンドブック ｜ 127

ラブのホームページ上から入会を申し込むことができます．

■ **QRP愛好者のネットワークとして**

一般社会では変わり者と見なされているだろうアマチュア無線家の中でも，QRP愛好者たちはさらに別次元での変わり者たちと見なされているようです．そのことがQRPの愛好者にとってQRPのコミュニティで感じる居心地の良さにつながっていると思います．

QRPクラブが他のアマチュア無線クラブとちょっと違う雰囲気を持っているとしたら，その基本となっているのは，(1)アマチュア精神，そして(2)ある種の謙虚さ――によるものではないかと思っています．

(1)草創期にはアマチュア無線をやることはすなわち無線機を自作することでしたが，現在では無線機を自作するアマチュア無線家は例外的な存在になっています．そんな中でもQRPクラブの活動の柱の一つは自作です．JARLハムフェアの自作品コンテストの入賞者には，毎年のように会員の名前がありますし，また，ハムフェア内のQRPクラブのブースでは会員の自作品の展示を行っていて，たくさんの見学者がやってきます．分からないことがあれば教え合い，必要な部品があれば相互に分け合う．クラブの会員には電子機器の設計や研究に携わるプロも多いのですが，純然たる遊びのためにすごいこと，あるいはクレイジーなことをやる人が尊敬されるというアマチュア的精神が生きています．

(2)「強さ」ではなく「弱さ」を基本にしているグループであるからか，会員はある種の謙虚さ，あるいは無力さを共有しているようにも思います．例えば，DXの珍局を獲得した自慢話を聞かされるにしても，kWのパワーでパイルアップを抜いた話より，パイルアップになる前に500mWでつながった話の方が面白いし，イヤミも少ないと感じるでしょう．お金では得られないナニモノかを求めるのがQRPの精神ではないかと思います．

■ **クラブに参加する意味**

QRPクラブに入会することのメリットは何ですか？と聞かれることがあります．

単なる情報だけならインターネットを検索すればかなりのことが分かりますし，SNSを通じたアマチュア無線のコミュニティも広がってきました．ネットオークションを使えば，昔，憧れだったリグや部品も簡単に手に入ります．

今どき，わざわざQRPクラブに参加してオジサン，オジイサンたちと顔を突き合わせてコミュニケーションするという面倒くささに引いてしまう人もいるでしょうが，しかし，それを超えて余りあるよさがあります．

例えば，「受信機を作ったけどうまく動かない」といえば，「じゃ，みてやるからミーティングに持ってきてくれ」と言われます．「高一中二受信機に使う3連バリコンを探している」というと「使ってくれるならタダであげるよ」というOMさんが現れたりします．使いきれない余った部品をミーティングに持ってくることはよくありますが，タダか，市価よりもかなり安い値段で分けることになります．この場では損得を超えたところでモノが動いてます．この中では「市場経済」ルールではなく「贈与・交換」のルールで動いているのだと思います．仲間にもらったものは仲間に返す，先輩から教わったものは後輩に伝える，というルールです．

だから，そうやってタダ同然で手に入れたもの

第4章　QRPコミュニティ編

写真4-1-6　全国集会に集まったオークションの品物

写真4-1-7　全国集会でのオークションの様子

をネットオークションに出したりすることは暗黙の了解として禁じられています．QRPクラブに参加することは，そのように連綿と続いてきたアマチュア無線家のコミュニティに参加することにほかなりません．これを読んだ皆さんも，ぜひQRPクラブの活動に仲間として参加してたくさんのものを受け取り，そしてたくさんのものを後の世代に渡していってほしいと思っております．

QRPクラブのさまざまな活動

■ 広　報

　QRPクラブの活動として目立つのは，会報の発行です．会報は1956年の創立以来，時折中断しながらも発行を続けています．2012年からはインターネットのブログで発行するようになり，会員以外でも読めるようになりました．**http://www2.jaqrp.org/**

　ただし，投稿できるのは会員（その年度の継続登録をしている正員）のみです．

　会報には，自作リグやアンテナ，メーカー製機器へのアクセサリーなどの製作記事，地方やJD1などへの移動運用記事，地域ミーティングの報告，そしてQRPクラブ役員会からのお知らせなど，毎号いろいろな記事が掲載されています．なお，会報以外にもクラブ会員だけの情報交換のためにメーリングリストを運用しています．

　　　　　　　　　（ここまでJA8IRQ 福島　誠）

■ クラブ全国集会

　QRPクラブでは毎年11月をめどに各地の会員が集まって全国集会を行い，宿に1泊して一晩ハム談義に花を咲かせます．宿泊する宿はアンテナを設営し無線運用ができることを条件としています．全国集会では，ハム談義のほかに移動運用，無線に関係する物品のオークションが行われ，レアな無線機・部品なども手ごろな価格で入手可能です．最近ではワークショップも行われ研究発表の場にもなっています．

　以前は参加資格をクラブ会員のみとしていましたが，2010年からはQRP懇親会に倣って，会員・非会員に関係なく参加できるようになりました．開催告知・参加者募集は会報（クラブホームページ内）やクラブのML（会員専用），ja_qrp ML（閲覧登録必要）で行っています．

■ この10年間の開催状況

　2006年以降の開催状況は以下のとおりです（カッコ内は幹事を担当したエリア）．

- 2006年 東京・晴海
  （クラブ50周年記念式典として実施）JA1AA講演
- 2007年 岡山・津山市（4エリア）
  頒布キットPSN634のβ版お披露目
- 2008年 東京・青梅市御岳山（1エリア）
- 2009年 愛知・南知多町（2エリア）

写真4-1-8　全国集会2012年静岡

写真4-1-9　全国集会2013年北海道

写真4-1-10　全国集会2014年淡路島，アンテナ建設中

写真4-1-11　全国集会2014年淡路島，旅館で交信中

写真4-1-12　全国集会2015年静岡，アンテナ建設中

第4章　QRPコミュニティ編

依佐美送信所記念館を見学
- 2010年 静岡・伊豆多賀(1エリア有志)
  ワークショップを実施
- 2011年 静岡・伊豆多賀(1エリア有志)
- 2012年 静岡・伊豆多賀(1エリア有志)

※2010年～12年はQRPer有志のQRP全国集会として実施.
- 2013年 北海道・勇払郡 安平町(8エリア)
  苫小牧市科学センター(ミール予備機)を見学
- 2014年 兵庫・淡路島(3エリア)60周年記念
  頒布キットを立案・スペック決めを実施
- 2015年 静岡・伊豆多賀(1エリア)
- 2016年は東京・銀座にてQRPクラブ
  60周年記念式典として実施予定です.

■ ハムフェア

　会員間の交流，クラブのPRを目的に毎年7月の関西アマチュア無線フェスティバル(大阪府池田市)，8月のハムフェア(東京ビッグサイト)にブースを出展しています．2015年9月には札幌で24年ぶりに開催された「北海道ハムフェアー」にも北海道在住のクラブ会員が中心となりブースを出展しました．

　QRPの楽しみ方の一つに自作があり，特に送信機の自作はアマチュア無線家の特権となっています．日々自作を楽しんでいる方の割合が少なくない当クラブでは，自作品展示を目玉とし会場ブースにおいてはQRP送信機にとどまらず，付加装置や自作に必要な治具など幅広いジャンルの作品を展示しています．

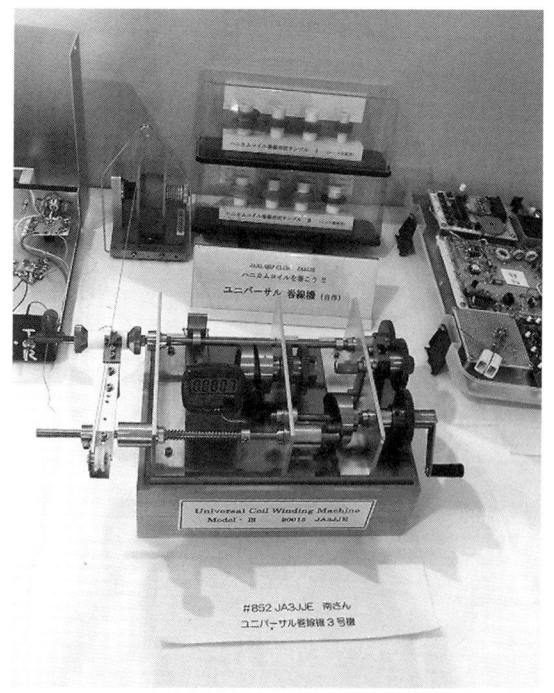

写真4-1-13　ハムフェア展示の自作品
カムを自作したハニカム・コイル巻き線器

写真4-1-14　ハムフェア2015会場の様子

写真4-1-15　関西ハムの祭典2011会場の様子

QRP入門ハンドブック

写真4-1-16　北海道ハムフェアー会場の様子

写真4-1-17　北海道ハムフェアーの会場からCWで交信するスタッフ

写真4-1-18　QRPerの集い

■ QRPerの集い

ハムフェアに合わせて多くのQRPerが東京に集まることから，毎年ハムフェア初日の夜に一席設

写真4-1-19　秋葉原QRP懇親会　忘年会

写真4-1-20　秋葉原QRP懇親会　都電でミーティング

　自作展示品のそばでは直に製作者の声を聞くことができ，作品の技術資料の配布，また，「自作をやってみたい」「自作をしていてこんな時はどうしたらいいだろう」といった疑問をはじめ，自作に関する意見交換などが行われ，ブース一般来場者のみならず，クラブ会員のハムライフの刺激になっています．

　ブースでは「QRP運用そのものについての素朴な疑問」についてもクラブ員がお答えしていますので，読者の皆さんも会場にお越しの際は「JARL QRP CLUB」ブースへお気軽にお立ち寄りくださ

第4章　QRPコミュニティ編

けています．酒の肴にハム談義，親睦を深めたり，じゃんけん大会でお宝GETなどお楽しみがいっぱいです．開催告知・参加者募集はクラブ会報などで事前に行っています．

■ エリア別ミーティング

QRPクラブには地域別の支部というものはありませんが，以下の地域ではクラブ員が中心となって定期的にミーティングを行っています．

東京では1997年9月以来，QRP懇親会という名前のミーティングが行われており，すでに200回を超えています．最初は新宿懇親会と言ってましたが，現在は秋葉原で毎月第1土曜日に開催され，喫茶店での雑談のあと居酒屋に流れるという形で続いています．

札幌では2008年から「札幌QRPミーティング」という名前で年に5回の例会を行っています．こちらは札幌市の区民センターを会場に，お茶とお菓子をつまみながらのミーティングが中心ですが，8月のフィールドデー時期には野外でQRP運用をすることもあります．

名古屋では2009年以降「名古屋大須QRP懇親会」が年4回の例会を行っています．

写真4-1-21　札幌QRPミーティングの様子

写真4-1-22　札幌QRPミーティング FD移動運用

写真4-1-23　札幌QRPミーティング FD移動運用

写真4-1-24　名古屋大須QRP懇親会

QRP入門ハンドブック 133

いずれも特に参加資格はなく，QRPや自作に興味がある人は参加できます．自己紹介や近況報告のあと，それぞれが持ち寄った自作品を巡っていろいろと話しをすることが多いようです．もちろん手ぶらでの参加も歓迎されます．

（ここまで，JE1ECF 斎藤　毅）

さまざまなQRPコミュニティやアクティビティー

現在はQRPクラブ以外でもいろいろなところでQRP愛好者たちが活動をしています．

JARLのQRPデー特別記念局は，もとはQRPクラブが提案して始めたものですが，今は全国各地のQRP愛好者によって運営されています．

関東エリアでは「きゅうあ～るぴぃ～コミュニティ」がQRP Sprintコンテストを実施するほか，隔年（奇数年）にQRPデー特別記念局の運用を行っています．QRPデー特別記念局は関東以外でも，北海道から九州まで各地のグループによって運用されています．

QRPに関するメーリングリストとしてJG3ADQ 永井さんが管理している「ja_qrpメーリングリスト」が有名です．http://www.freeml.com/ja_qrp

また，Web上の掲示板では，JL1KRA 中島さんが新QRP Plazaを開設しています．ex.JE2CDC 木屋川内さんが運営していた旧QRP Plazaから通算すると20年近く続いている有名な掲示板です．
http://bbs7.sekkaku.net/bbs/qrp.html

（この項，JA8IRQ 福島　誠）

■ 岡山のQRPグループ

以下は4エリア岡山でのQRPグループの活動についての報告です．

岡山でのQRPの先駆者はJR4DAH 伊豆野さんで，彼の影響でJA4DQX，JA4AKN，JA4MEM，JA4CFOが参加して活動を開始しました．QRPクラブの特別記念局の運用を毎年津山で運用してきました．その後オンエアーミーティングなどで知り合って人数も増えてきました．特に故人のJA3PAV 仁木さんは津山の出身で，正月とお盆に帰省されたときはミーティングを行い自作談義に花を咲かせました．ここからQRPクラブのプロジェクト634が生まれました．全国集会を2回も津山で開催し，いずれもクラブの歴史的な集会でFUJIYAMAの開発状況の紹介，次の集会では現在のような運営方針が紹介されました．

記念局を地方でも開設しようとなり，中国地方でも申請することで協議しました．当時はJARL岡山県支部長からでないと申請できなかったので，QRPクラブの承認を受け「QRP愛好会」を登録クラブとして立ち上げ現在に至っています．記念局運用は，中国5県のできるだけ多くの場所から運用することを目標に各地のQRP局にお願いしていますが，島根県でQRP運用する人が見つからないのが残念です．毎年記念局運用を継続中です．

（この項，JA4CFO 松尾 正利）

写真4-1-25　きゅうあ～るぴぃ～コミュニティのWebサイト

第4章　QRPコミュニティ編

写真4-1-26　QRPコンテストに参加した自作リグとシャック

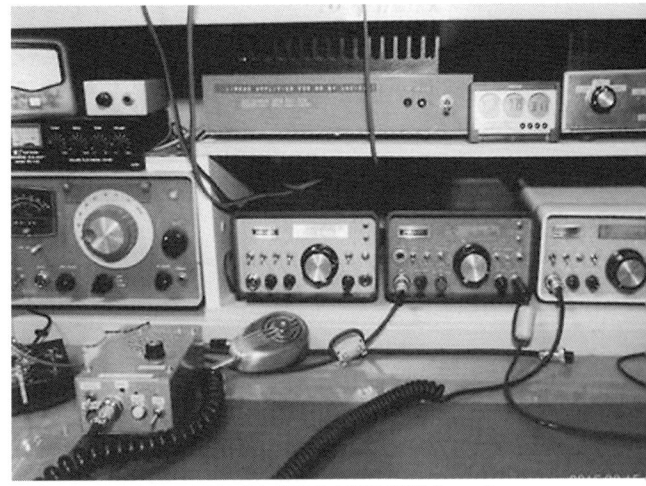

写真4-1-27　QRPコンテストに参加した自作リグとシャック

■ QRPデー特別記念局

　QRPデー特別記念局は，1985年の国際アマチュア無線連合(IARU)第3地域総会で「毎年6月17日をQRPデーとする」と決議されたことに基づき，広く「QRPデー」を知ってもらうとともに，QRP通信の有効性をアピールするために開設されたJARL特別記念局です．

　1997年に8J1VLPが初めてQRPデー特別記念局として開設され，しばらく全国持ち回りで運用されていましたが，2005年ころから3，4，5，6，7の各エリアそれぞれで8JxVLPまたは8JxP（xは各エリアの数字）が開設され，そのエリア限定で運用されるようになりました．さらに，2011年には2エリアで，2013年には8，9エリアで8JxVLPが開設され，2015年時点でφエリア以外の九つのエリアでQRPデー特別記念局が開設されています．ただ，それぞれの年度で開設するかどうかは各エリアの運営母体の判断に委ねられており，毎年開設されるとは限りません．例えば，2015年度に開設されたのは，1，4，6，8，9の五つのエリアとなっています．運用期間は6月17日の国際QRPデーを含むように設定されており，各エリアとも移動運用がしやすくなる4月下旬から6月末ころまでとなっています．

　各エリアでは，10数人〜数十人のオペレータが持ち回りで，毎年数千程度のQSOをしています．ゴールデンウィークにはQRPerが集って移動運用をしたり，比較的QRVの少ない市区町村で運用サービスをしたり，Big Gunで運用してとてもQRPとは思えないような強力な信号を届けたり，JT65Aを使って世界中とQSOしたり，コンテストに参加したりとさまざまなスタイルの運用を通してQRPの有効性をアピールしています．

　記念局ということで，QRPであってもパイルアップを浴びるという醍醐味もあります．オペレータを公募しているエリアもありますので，ホームページなどで運用条件を確認の上，可能であれば応募して運用されてはいかがでしょうか．紙面の都合で各QRPデー特別記念局のURLは記載しませんが，検索サイトで各特別記念局のコールサインを入力するとホームページが見つかるはずです．

　　　　　　　　　　　（この項，JA8DIQ 大久保 尚史）

写真4-1-28　QRPコンテストに参加した自作リグ

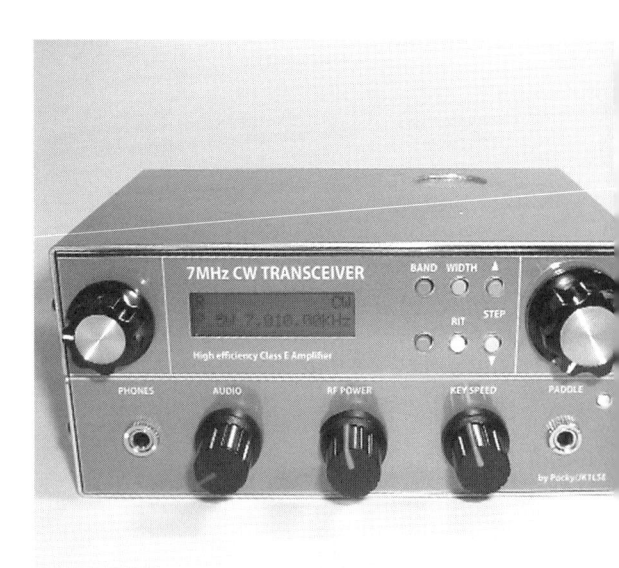

写真4-1-29　QRPコンテストに参加した自作リグ

■ QRPコンテスト

コンテストの魅力は，その競技性と短時間で多数の局，さまざまな地域とQSOが可能なことではないでしょうか．それゆえに，運用システムや運用環境などの整備や性能向上，運用スキルの向上など自己研鑽にもつながります．また，カムバック・ハムにとっては，QSO内容が簡潔ですから，運用テクニックのブラッシュアップにも使えますね．

コンテストは毎週のように開催されていて，QRP部門が設けられているコンテストもJARL主催のAll JAコンテストをはじめとして数多くあります．そんな中で参加資格はQRP局だけというコンテストがあります．

参加局の空中線電力がほぼ同じなので，空中線電力に物を言わせて勝負するわけにはいきません．また，信号が相対的に弱いため，時々刻々と変化していくお空の伝搬状況に翻弄されやすいということで，他のコンテストにない緊張感が味わえます．そのようなことから，QRPerだけでなく，普段はkWで頑張っているバリバリのコンテスターも参入し，常時150〜190局が参加するJAでは比較的大きな部類のコンテストとなっています．特に7MHzではCW用コンテストバンドがQRPな信号で埋め尽くされてしまうほどです．それでも，QRPばかりですので，お互いの信号を潰し合うというよりも整然かつ粛々とQSOが続いていくという感じがします．なお，全エリアの局が参加していますので，One dayで QRPまたはQRPp AJDも可能です．

表4-1-1　QRP局だけのコンテスト

コンテスト名	主催団体	開催時期	特長など	
QRPコンテスト	JARL QRP Club	毎年11月ごろ	自作機部門あり	1.9〜50MHz
QRP Sprint Contest	きゅうあ〜るぴぃ〜コミュニティ	毎年5月ごろ	QRPp部門あり	1.9〜50MHz

136　QRP入門ハンドブック

第4章　QRPコミュニティ編

また，自作派QRPerにとってもこのコンテストは楽しみなものです．自分の作ったリグで電波がどこまで飛ぶのか，どれだけ，どんな感じで聞こえるのか．毎年，同じリグを少しずつチューンナップして参加してもよし，違う自作機で参加してもよし．しかも，QSOは全て2Way QRP QSOになるわけですから，そのうれしさは測りしれません．

コンテストの規約については，主催団体のホームページやJARL NEWS，CQ ham radio誌などでアナウンスされますし，JF6LIU局のホームページのコンテスト・カレンダーにも掲載されます．また，QRP用のリグではなくても，リグの出力調整でQRPにしても，アッテネータを接続してQRPにしても参加可能です．日程をチェックして，ぜひともQRPコンテストの醍醐味を味わっていただきたいと思います．

（この項，JA8DIQ 大久保 尚史）

コラム1　究極のQRPコンペティション

QRPクラブでは，2009年のハムフェアに向けて「究極のQRPコンペティション」と銘打つイベントを行いました．これは，144MHz FMでの交信距離数（km）を，そのときに使用した送信機・受信機など交信に必要とした全ての総消費電力（W）で割った数の大小を競うもので，通称「トータルパワー（TP）コンペ」とも呼ばれました．

具体的には，送信機の消費電力と受信機の消費電力を単純に足し合わせたものをTPと見なし，その逆数をハンディキャップの係数として交信距離に掛けた数値で勝負します．このときは2009年6月までに行った交信で最高の数値となったものを競い合いました．クラブでは，これまでも会員のkm/TP記録を会報に掲載していましたが，144MHz FMの記録はありませんでした．

ハムフェア2009で発表されたコンペの結果は，次のようになりました．これを見ると，ハンディキャップと距離をバランスよく稼ぐことが必要だと分かります．

（JG1EAD 仙波 春生）

km/TP	コール	ハンディキャップ	送信出力	距離
1258	JF1RNR	10.6	5mW	118.6km
1026	JG7BBO	9.52	10mW	107.9km
775	JG6DFK/1	14.6	10mW	53.0km
530	JG1EAD	14.1	20mW	37.7km
468	JH1FCZ	131.5	0.1mW	3.56km
372	JK1BMK	4.05	1mW	91.7km
182	7K4VQV	3.51	5mW	64.2km
118	JK1TCV	4.24	4mW	27.9km
17	JH1ARY	16.7	10mW	1.0km
1.67	JA1BVA	2.22	15mW	0.75km

コラム2　【雑感】アマチュア無線は無用の用

私がアマチュア無線の免許を取った中学生のころは「ものごとの意味を過剰に考える」という悪癖があったので，「技術系に進むわけでもない自分がアマチュア無線をやる意味は何か」ということをずっと考えていました．今なら中2病と言われるところで

す．大人になってアマチュア無線を再開するときにその問いはいったん棚上げしましたが，まったく別なところから答えが見つかりました．それは「コミュニケーションの理論」を学んだことによるものでした．

1. アマチュア無線は通信できないことを楽しむ趣味である
2. アマチュア無線に『意味』はない
3. アマチュア無線は「メタ・メッセージ」の遊びである

実は，この三つは同じことを別な表現で表したもので，アマチュア無線は交信の内容にはそれほど意味がなく，交信が成立するかどうかが最大の問題です．これは鉄道が趣味の方が用事がなくても鉄道に乗ったり，郵便が趣味の方が用がなくても手紙をやりとりするのと同じ話です．当たり前ですが，ここにアマチュア無線という趣味の秘密があるようです．

1. アマチュア無線は通信できないことを楽しむ趣味である

アマチュア無線の目的の一つは交信することですが，交信が成立すると，話すことはそれほどありません．実のところ，アマチュア無線の魅力の一つは，簡単には交信できないことそのものにあるのだと思います．

アマチュア無線家たちは，なるべく「交信できないような状況」を作り出し，それをクリアすることに熱中します．DXCCや全市全郡，EME，UHFのダクト通信，短いアンテナによる長波通信，そしてQRPもまた「交信できないような状況」の一つと言えます．

インターネットと携帯電話の普及で「世界中のどこの誰とでもリアルタイムに通信できる」という通信技術上の難問がクリアされつつありますが，通信できないことを楽しむ趣味はまだ健在です．

2. アマチュア無線に意味はない

なぜ，公共のものである電波を使った趣味が許可されているのか，というのはなかなか難しい問題です．それは短波を発見したのがアマチュアであったからという「既得権」が大きいのだと思いますが，その中から技術の進歩に貢献した人が数多くいたこともあったのでしょう．もちろん，戦争や災害など非常時の通信の担い手としても期待されていたでしょう．アマチュアのラジオ少年出身者が日本の電子工業の繁栄に貢献した話は『ラジオの歴史』(高橋雄造著・法政大学出版会)などに詳しく，またこの会の先輩たちを見ていても納得できる話です．ただ，それは結果としての話であり，あくまで「アマチュア無線は無用の用」であって，遊ぶこと自体に意味があると私は思っています．学校や企業で義務として学んでいるときではなく，趣味の電子工作で遊んでいるときに一番良い学びができる，というようなパラドックスがそこにあるのでしょう．

3. アマチュア無線は「メタ・メッセージ」の遊びである

私は一時期，職業訓練の講師として，あいさつや会話，就職面接の受け方などコミュニケーションの技法を教えていました．そのときに強調したキーワードとして「メタ・コミュニケーション」または「メタ・メッセージ」があります．

「メタ」というのは「上位」のというような意味で，この場合は「コミュニケーションを成り立たせるための上位のコミュニケーション」「メッセージの意味

写真4-1-A　ラジオの歴史，表紙

第4章　QRPコミュニティ編

付けの枠となる上位のメッセージ」というような意味になります.

　例えば，「4月1日の夜6時からホテルのレストランで食事をしよう」という意味のメッセージがあった場合に，それを直接会って話をするか，電話で話すか，メールで送るか，あるいはハガキか，白い紙に印刷して白い角封筒に入れて送るか（郵送するか）で「メッセージの意味，受け取り方」が微妙に変わってきます. この，どういう方法で送るか，という部分が「メタ・メッセージ」の一つの例です.

　メタ・メッセージには誤解があってはならないものとされています. 例えば，教室で講義をしている最中に「後ろの人，声が聞こえてますか？」と問いかけるのはメタ・メッセージです. その講義の内容自体（メッセージ）はクラスの半分の人にしか理解できなくても，「聞こえてますか？」という部分はクラスの全員が理解できなくてはなりません.

　メタ・メッセージはいろいろなメッセージのやりとりの中で，「暗黙の了解事項」として使われています. いわゆる「空気の読めないヤツ」は，メタ・メッセージの解読が苦手な人のことだと言っていいでしょう.

　その昔，冤罪の死刑囚の支援をやっていた人の話を聞いたことがあります. 1980年以前の日本では死刑執行が公表されていませんでしたので，支援している囚人が生きているか，すでに処刑されてしまっているのか，ということが分かりませんでした. そこで支援グループはその死刑囚宛てに毎日，簡単なあいさつを書いたハガキを出していました. 生きていれば本人に渡りますし，そうでなければ「宛て所に尋ねあたりません」の付箋が付いて戻ってきます. これはメタ・メッセージ自体を使ったコミュニケーションです. 私はQRPクラブのメーリングリストの管理人をやっており，会員がメール・アドレスを変えるとエラーメールが届いて分かるようになっていますが，これもメタ・メッセージを使って会員の動静についての重要なメッセージを受信しているということになります. もっと一般的には，紋切型の年賀状の交換に「本人の名前で来るのは生きている証拠」というような意義があります.

　アマチュア無線はこのようなメタ・メッセージの部分だけで成り立っている趣味です. シグナル・レポートやQ符号といったものは電信電報の時代から引き継いできたメタ・メッセージにほかなりません. 電子メールであればヘッダの部分に記入するべき部分です. もちろんアマチュア無線の場合，本来送るべき「電報の本文」を送受信することはめったにありません. メッセージの中身ではなく，どのようにメッセージが届いているかどうかだけを問題にするのがアマチュア無線のユニークな点です.

　アマチュア無線は純粋な遊びであり経済合理性の原理の外にあります. だから買った方が安くても自作をするし，時代遅れの真空管を使ったリグで交信したりもします. アマチュア無線なら何でも許されます. 一見，意味がないことや役に立たないことをあえてやってみることのメリットは計測不能です. QRPで遊ぶことの意味もそこにあるのだと思います.

(JA8IRQ　福島　誠)

4-2　JA1AA 庄野久男さんに聞く

　日本アマチュア無線連盟（JARL）元副会長で，戦後のアマチュア無線再開に尽力したJA1AA 庄野久男さんは，1956年にJARL QRPクラブを設立した7人のメンバーの1人でもある. 2015年11月初め，都内のご自宅を訪問していろいろと話を伺った.

写真4-2-1　JA1AA 庄野久男氏近影

　庄野さんは，1918年徳島県生まれ．旧制中学時代，軍事教練で歩兵銃を持たされる傍らラジオ作りに熱中した．当時，鉱石ラジオは買うと4円50銭したが，庄野少年は近所のラジオ屋に部品を東京から取り寄せてもらい，組み立てた．夏休みの自由研究は『マイクロフォンの研究』．中学生ながらNHK大阪放送局でのラジオ製作講習会で講師を務めたこともあった．東京に行って専門の勉強をせよと言われ，中学卒業後，電気通信大学の前身である無線電信講習所に入り，そこでJ2IBを開局．途中，徴兵で陸軍に召集され中国大陸へ．除隊後は東京帝大の航空研究所に就職し，戦時研究で爆撃機用の高度計の開発に取り組んだ．

　敗戦後は，戦中から戦後の占領期にかけて禁止されていたアマチュア無線の再開に向けて活動を起こす．当時，アマチュア無線再開を待てずに不法に電波を出して全国で60人が一斉摘発されたりする中で，庄野氏らはGHQにアマチュア無線再開の嘆願書を出した．東大航空研を辞めて国分寺にある財団法人 小林理学研究所に移り，人間の聴覚の仕組みの研究にも打ち込む一方で，QRP運用に力を入れ，これまでに270カ国，3万局とQSOしたという．97歳となった今も現役QRPer．最近オン・エアしたのはいつかと訪ねると，「2カ月くらい前」だという答えが返ってきた．「よく生きちょるばい」と笑い，筆者らを玄関まで見送ってくれた．

（JG1EAD 仙波春生）

写真4-2-2　QRP記念局8J1VLP/1を運用する庄野氏（2005年6月，写真提供：JN1SZF 田村恭宏）

写真4-2-3　QRP記念局8J1VLP/1運用時のログ（2005年6月，写真提供：JN1SZF 田村恭宏）

著者等

JARL QRPクラブ 著

編集委員

JG1EAD	仙波 春生（編集委員長）	JM8CMU	土坂 一
JE1HBB	瀬戸口 泰史	JA9TTT/1	加藤 高広
JE1NGI	山西 宏紀	VE3CGC	林 寛義
JG1SMD	石川 英正	JA8IRQ	福島 誠（JARL QRPクラブ会長）
JR6HK	屋比久 英夫	JE1ECF	斎藤 毅（JARL QRPクラブ副会長）

分担執筆者

JA8IRQ　福島 誠
はじめに，第2章 運用編(コラム1)，第3章 技術編(3-6節)，
第4章 QRPコミュニティ編(4-1節, コラム2)

JG1EAD　仙波 春生
第1章 導入編(1-1節, 1-3節)，第3章 技術編(3-4節)，
第4章 QRPコミュニティ編(4-2節, コラム1)

JK1TCV　栗原 和実 第2章 運用編(2-1節, 2-4節)

JG1SMD　石川 英正
第2章 運用編(2-2節)，
第3章 技術編(3-1節, 3-2節, 3-3節, 3-12節)

VE3CGC　林 寛義
第2章 運用編(2-3節)，第3章 技術編(3-9節)

JE1NGI　山西 宏紀 第2章 運用編(2-5節)

JH2FQS　池ヶ谷 克己 第3章 技術編(コラム1)

JR6HK　屋比久 英夫 第3章 技術編(3-5節)

JR7HAN　花野 峰行 第3章 技術編(3-7節)

JF1RNR　今井 栄 第3章 技術編(3-8節)

JE1HBB　瀬戸口 泰史 第3章 技術編(3-10節)

JA9TTT/1　加藤 高広
第3章 技術編(3-11節, Appendix-1, Appendix-2)

JE1ECF　斎藤 毅 第4章 QRPコミュニティ編(4-1節)

JA1AA　庄野 久男 第1章 導入編(1-2節)

JA4CFO　松尾 正利
第4章 QRPコミュニティ編(4-1節)

JA8DIQ　大久保 尚史
第4章 QRPコミュニティ編(4-1節)

執筆協力者

JG1CCL　内田 裕之 第1章 導入編(1章3節)図案提供

JG1RVN　加藤 徹 第1章 導入編(1-1節)写真提供

JH2HTQ　中井 保三
第1章 導入編(1-3節)写真提供，カバーイラスト提供

JR3ELR　吉本 信之 第1章 導入編(1-3節)写真提供

JG3EHD　西村 庸 第1章 導入編(1-3節)写真提供

JA8CXX　高野 順一 第1章 導入編(1-3節)写真提供

WG0AT　Steve Galchutt
第2章 運用編(2-3節)写真提供

JA1XWK　仲村 哲雄
第2章 運用編(2-5節)写真提供，インタビュー協力

JR1UJX　松永 浩史
第2章 運用編(2-5節)写真提供，インタビュー協力

JJ1NYH　馬場 秀樹
第2章 運用編(2-5節)写真提供，インタビュー協力

7K1CPT　山田 清治
第2章 運用編(2-5節)写真提供，インタビュー協力

JF1DKB　高野 成幸 第3章 技術編(3-4節)写真提供

JE1BQE　根日屋 英之 第3章 技術編(3-5節)監修

JA1AA　庄野 久男
第4章 QRPコミュニティ編(4-2節)インタビュー協力

JN1SZF　田村 恭宏
第4章 QRPコミュニティ編(4-2節)写真提供

索引

数字
40SST ─ 31
50MHz AM 10mW送信機 ─ 57, 61, 64, 75
50MHz AM ポケトラ ─ 57
6m and Downコンテスト ─ 48

A
AJD ─ 49, 54
All JAコンテスト ─ 136
ARGONAUT505 ─ 79, 80
ATS-3A ─ 31
ATS-4 ─ 31
AYU-40 ─ 64

C
CRK-10A ─ 82
CTESTWIN ─ 45

D
DC-7X ─ 80
DC-701 ─ 80
DSB ─ 65, 68〜70
DXCC ─ 32, 40
DXクラスター ─ 37, 38

E
e-QSL ─ 40
EQT-1 ─ 82
Eスポ ─ 33

F
FCZ研究所 ─ 57
FT-817 ─ 15, 18, 21, 25, 26, 28, 31, 34, 47, 48, 56, 68, 109, 110, 117〜119, 122〜125
FT-857 ─ 31
FT-897DM ─ 125
FUJIYAMA ─ 79, 81, 82

G
G5RV型アンテナ ─ 92, 95
GPS受信 ─ 110, 111, 120

H
HB9CV ─ 35, 70
HEATHKIT社 ─ 79
History of QRP in the U.S.,1924-1960 ─ 9
HW-7 ─ 79
HW-8 ─ 79
HW-9 ─ 80

I
IC-706 ─ 29
IRC ─ 39

J
JARL QRPクラブ ─ 12, 40, 43, 50
JCC ─ 54
JCC-800 ─ 49
JCG ─ 49
JR-599 ─ 17
JT65 ─ 109〜112, 117〜119, 122, 124, 125
JT65-HF ─ 110, 112, 114, 119, 123, 124

K
K2 ─ 34, 38
K3 ─ 34, 38
KN-Q7A ─ 64, 82
KX1 ─ 31, 95
KX3 ─ 15, 20, 31, 56

L
LD-5 ─ 31
LoTW ─ 39, 40

M
MMTTY ─ 33

N
NC40A ─ 81

P
P-21DX ─ 81
P-7DX ─ 81
Pixie 2 ─ 7
PTT ─ 69, 70, 73, 112

Q
QP-21 ─ 80
QP-50 ─ 80
QP-7 ─ 17, 55, 57〜59, 62, 64, 72, 74, 76, 78, 80
QRP（略符号）─ 6, 11, 49
QRP DXCC ─ 51, 54
QRP Sprintコンテスト ─ 40, 42, 134
QRP記念局 ─ 140
QRPクラブ ─ 65
QRPコンテスト ─ 40, 46, 136
QRPデー特別記念局 ─ 135
QRP(p)特記 ─ 40, 48〜51, 54
QRPパワー計 ─ 58

R
RD00HVS1 ─ 75
RFプローブ ─ 58, 106
Rock-Mite40 ─ 8
RTTY ─ 33

S
SB-21 ─ 80
Sierra ─ 81
SOTA ─ 30
SST ─ 81

索引

SWR ―― 34, 35, 38
SWR計（メータ）
　―― 88, 99, 103, 105

T
TEN-TEC ―― 79, 82
TS-2000 ―― 53
TS-430V ―― 14
TS-690V ―― 38
Tuna Tin2 ―― 31

U
USBIF4CW ―― 45, 54

V
VCHアンテナ
　―― 21, 22, 53, 96, 98, 99
VSWR計 ―― 84, 85
VX-8D ―― 25, 26
VXO ―― 58〜60, 63, 66, 67, 69

W
WAC ―― 51
WACA ―― 49, 53, 54
WAGA ―― 49, 53, 54
WAJA ―― 49, 54
WAKU ―― 49
World Wide WPX Contest ―― 46

Z
Zeppアンテナ ―― 125

あ
アッテネータ ―― 43
アンテナ・アナライザ
　―― 84, 85, 101
アンテナ・カップラ
　―― 19, 21, 22, 84, 86, 99
アンテナ・チューナ
　―― 21, 23, 35, 88, 104, 105

移動運用 ―― 20〜23, 25, 26, 88, 93, 99
インピーダンス整合 ―― 83, 84, 86
ウィンドム ―― 48
オート・アンテナ・チューナ ―― 105
オールJAコンテスト ―― 47
オン・エア ミーティング ―― 15, 16

か
関西アマチュア無線
　フェスティバル ―― 131
かんたんダイポール ―― 90
ギボシ ―― 20, 21, 23, 93
逆V ―― 89, 91
きゅうあ〜るぴぃ〜コミュニティ
　―― 40, 134

さ
シグナル・ジェネレータ
　―― 106〜108
終端型パワー計 ―― 105
周波数カウンタ ―― 106
シングル・スーパー ―― 69, 80, 81
水晶発振子 ―― 59, 62, 63, 65, 69, 72
スプリット交信 ―― 38
全市全郡コンテスト ―― 44

た
ダイポール ―― 18, 20〜22, 34, 46, 48, 71, 72, 85, 86, 91, 95
ダイレクト・コンバージョン
　―― 69, 71, 80
ダミーロード ―― 34, 105
釣り竿 ―― 24, 71, 86, 97, 101, 125

ディップ・メータ ―― 91, 107, 108
デルタループ ―― 71
電離層 ―― 14, 87

は
はしごフィーダ ―― 90, 92, 93
パドル ―― 24, 48
ハムフェア ―― 131, 132
バラン ―― 21, 23, 91
パワー計 ―― 34, 59, 62, 66, 67, 69
ピーナッツ・ホイッスル ―― 10
ピコ・シリーズ ―― 80
フィールドデーコンテスト ―― 43
プリンテナ ―― 9
ブレークイン ―― 73
平行フィーダ ―― 90
ヘンテナ ―― 19, 25, 28
ポケット・バーチカル ―― 100
ポケロク ―― 64〜66, 70〜72, 75, 77
北海道ハムフェアー ―― 131

ま
ミズホ通信 ―― 17, 55, 57, 58, 74, 80
モービル・ホイップ ―― 22, 25, 35

や
八木アンテナ ―― 35

ら
リアクタンス成分 ―― 83, 84
リボン・フィーダ ―― 92, 93, 95
ループ ―― 19
ループ・アンテナ ―― 26, 70
ロング・ワイヤ ―― 19, 23, 34, 104

わ
ワイヤ・アンテナ ―― 84, 86, 87

■ **本書に関する質問について**

文章，数式，写真，図などの記述上の不明点についての質問は，必ず往復はがきか返信用封筒を同封した封書でお願いいたします．勝手ながら，電話での問い合わせは応じかねます．質問は著者に回送し，直接回答していただくので多少時間がかかります．また，本書の記載範囲を超える質問には応じられませんのでご了承ください．

質問封書の郵送先

〒112-8619 東京都文京区千石4-29-14　CQ出版株式会社
「QRP入門ハンドブック」質問係 宛

● **本書記載の社名，製品名について** ── 本書に記載されている社名および製品名は，一般に開発メーカーの登録商標です．なお，本文中ではTM，®，©の各表示は明記していません．

● **本書記載記事の利用についての注意** ── 本書記載記事は著作権法により保護され，また産業財産権が確立されている場合があります．したがって，記事として掲載された技術情報をもとに製品化するには，著作権者および産業財産権者の許可が必要です．また，掲載された技術情報を利用することにより発生した損害などに関しては，CQ出版社および著作権者ならびに産業財産権者は責任を負いかねますのでご了承ください．

● **本書の複製などについて** ── 本書のコピー，スキャン，デジタル化などの無断複製は著作権法上での例外を除き，禁じられています．本書を代行業者などの第三者に依頼してスキャンやデジタル化することは，たとえ個人や家庭内の利用でも認められておりません．

[JCOPY] 〈(社)出版者著作権管理機構委託出版物〉

本書の全部または一部を無断で複写複製(コピー)することは，著作権法上での例外を除き，禁じられています．本書からの複製を希望される場合は，(社)出版者著作権管理機構(TEL：03-3513-6969)にご連絡ください．

QRP入門ハンドブック

2016年9月1日　初版発行
2016年11月1日　第2版発行

© JARL QRPクラブ　2016
(無断転載を禁じます)

著　者　JARL QRPクラブ
発行人　小　澤　拓　治
発行所　ＣＱ出版株式会社
　　　　〒112-8619　東京都文京区千石4-29-14
　　　　電話　編集　03-5395-2149
　　　　　　　販売　03-5395-2141
　　　　振替　00100-7-10665

乱丁，落丁本はお取り替えします
定価はカバーに表示してあります

ISBN978-4-7898-1579-6
Printed in Japan

編集担当者　櫻田　洋一
本文デザイン・DTP　㈱コイグラフィー
印刷・製本　三晃印刷㈱